内 容 简 介

本书主要针对作战概念内涵外延、美军典型作战概念、作战概念演化过程，分析美军作战概念的发展历程，从开发流程、作战威胁、作战问题等方面，论述作战概念的设计开发，结合兵棋推演、仿真分析、作战试验等方式对美军概念进行检验验证，通过对重点方向的网络中心战、分布式杀伤、马赛克战、决战作战等美军作战概念实战运用进行梳理和分析，对我军作战概念形成有所展望。

本书主要面向从事战法战术研究的参谋人员，从事技术应用研究的工程技术及从事新技术军事应用探索的军事院校学者和研究生。

图书在版编目（CIP）数据

美军作战概念设计、验证与运用模式/车嵘等编著. —北京：国防工业出版社，2025.1. —ISBN 978-7-118-13567-1

Ⅰ.E83

中国国家版本馆 CIP 数据核字第 2024LN9490 号

※

国防工业出版社出版发行
（北京市海淀区紫竹院南路23号　邮政编码100048）
雅迪云印（天津）科技有限公司印刷
新华书店经售

＊

开本 710×1000　1/16　印张 10¼　字数 197 千字
2025年1月第1版第1次印刷　印数 1—3000 册　定价 99.00 元

（本书如有印装错误，我社负责调换）

国防书店：(010)88540777　　书店传真：(010)88540776
发行业务：(010)88540717　　发行传真：(010)88540762

美军作战概念
设计、验证与发展

车嵘 王因传 等

本系统分述美军概全作战联合启示本术人员

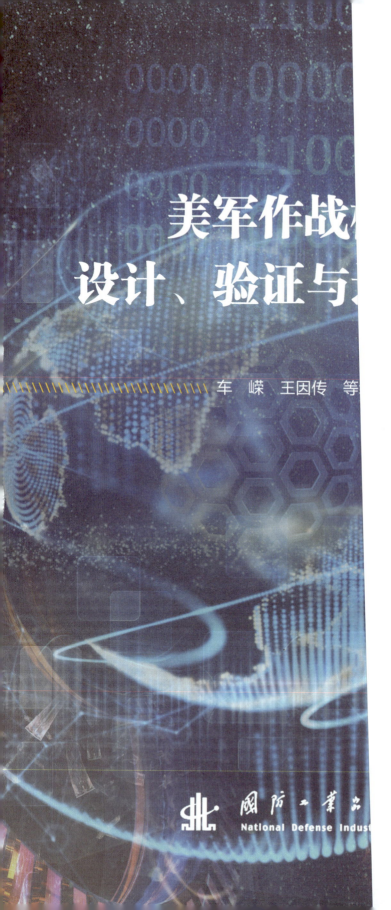

国防工业出版社
National Defense Indus

本书编委会

主　任：车　嵘　王因传
副主任：白冬林　贾　锋　王连清
委　员：杨林娜　孙　凯　侯银涛　张晓波
　　　　张　娜　陶　波　李院生　谷蓓蓓
　　　　李　翔

前　言

军事需求是部队战斗力生成的原点,是科技发展、装备建设、国防建设的原动力和依据,是当前推动军事理论深度发展的牵引力量,也是学术界研究的重点与热点。美军以概念推动军事技术发展、武器装备建设、军事力量建设,是其长期以来践行的发展路径。研究军事强国的最新理论,借鉴促进军事理论现代化,与时俱进创新战争和战略指导,健全新时代军事战略体系,是摆在我们面前的紧迫任务。

当前有关美军作战概念发展的公开报道、相关情报及研究文献越来越多,但国内的相关研究大多从特定的关注视角出发,来分析美军作战概念发展的某一或某些方面,另一些则针对特定作战概念进行论述,都较难形成清晰的发展脉络和全景视图。为了深入浅出地阐明美军作战概念的内涵和发展动因,本书在广泛搜集、获取、整理和分析美国国防部、参谋长联席会议、联合参谋部以及各军种出版和发布的有关美军作战理论体系(包括军事战略、作战概念和作战条令)的原文报告、美军相关智库报告及研究文献的基础上,从客观视角对美军作战概念设计、验证与运用模式进行认知和思考,以期激发相关人员更为深入的探讨和研究,进而得到启示和参考。

美军的各种作战理论和作战概念层出不穷,大有令人目不暇接之势,不免让人眼花缭乱,为了解和掌握美军新型作战概念的产生背景、概念内涵、作战运用,寻找其背后存在的战略主线,我们对美军近期提出的作战概念设计、验证与运用模式进行了梳理归纳。目前,有不少团队在美军作战概念设计、验证与运用模式等技术方向做出了探索,但未有系统性研究成果发表。

本书之所以能够同广大读者见面,离不开白冬林、贾锋、王连清、杨林娜、孙凯、侯银涛、张晓波、张娜、陶波和李院生等同事的不懈努力,感谢谷蓓蓓工程师给予本书内容的指导,以及李翔高级工程师高水平的把关。期望广大读者能提出宝贵的意见与建议,使我们能够在更高层次上有更深刻的认知。

编著者
2024 年 1 月

目 录

第1章 绪论 ... 1

1.1 基本理解 ... 2
1.1.1 战争的概念与本质 ... 2
1.1.2 作战概念内涵外延 ... 3
1.1.3 作战概念的创新应用 ... 4

1.2 作战概念发展动因 ... 6
1.2.1 应对大国竞争 ... 6
1.2.2 解决战争问题 ... 7
1.2.3 牵引兵力设计 ... 7
1.2.4 引领装备发展 ... 8
1.2.5 驱动作战样式演进 ... 9

1.3 作战概念发展阶段 ... 9
1.3.1 形成期：形成概念驱动模式，面向未来发起转型 ... 9
1.3.2 调整期：确立概念簇体系，着眼网络推进转型 ... 11
1.3.3 完善期：完善概念形式程序，聚焦体系深化转型 ... 13

1.4 作战概念复杂性分析 ... 14
1.4.1 战争本身内涵多元要素关联的复杂性 ... 14
1.4.2 大国竞争带来地缘政治问题的复杂性 ... 15
1.4.3 科技发展造成战争形态演变的复杂性 ... 17
1.4.4 机理演进带来体系重塑融合的复杂性 ... 19

02

第2章 美军作战概念发展历程 21

2.1 美军典型作战概念 22
- 2.1.1 空海一体战/全球公域介入与机动联合(JAM-GC) 22
- 2.1.2 网络中心战(NCO) 24
- 2.1.3 决策中心战(DCW) 27
- 2.1.4 分布式杀伤(DL) 30
- 2.1.5 多域战(MDO) 32
- 2.1.6 马赛克战(MW) 35
- 2.1.7 分布式海上作战(DMO) 40
- 2.1.8 联合全域作战(JADC2) 43
- 2.1.9 远征前进基地作战(EABO) 47
- 2.1.10 全球信息优势(GIDE) 50

2.2 美军作战概念发展脉络 53
- 2.2.1 应对"冷战"的作战概念(美苏冷战期间) 54
- 2.2.2 面向联合作战指挥的作战概念(1986—2002年) 54
- 2.2.3 融入高新技术的作战概念(2002—2016年) 54
- 2.3.4 聚焦高端战争的作战概念(2016年至今) 55

2.3 作战概念内在逻辑 56
- 2.3.1 发展趋势上,概念引领、技术衔接 56
- 2.3.2 设计方法上,上下贯通、纵横互动 57
- 2.3.3 战略主线上,统一协调、跨域联动 58
- 2.3.4 制胜机理上,网信赋能、能力腾跃 58

第 3 章　美军作战概念设计开发 ············ 61

3.1　开发流程 ············ 62
3.1.1　定位军事需求 ············ 63
3.1.2　找准现实支撑 ············ 64
3.1.3　概念开发立项 ············ 64
3.1.4　实验演习检验 ············ 65
3.1.5　进入作战条令 ············ 65

3.2　作战威胁 ············ 66
3.2.1　研发作战概念等同于制造或消除作战威胁 ············ 66
3.2.2　作战威胁决定作战概念及相应的作战问题 ············ 67
3.2.3　作战威胁评估 ············ 69

3.3　作战问题 ············ 70
3.3.1　具体问题定义 ············ 70
3.3.2　作战问题分级 ············ 71
3.3.3　作战问题分类 ············ 71
3.3.4　研究方法论 ············ 73

3.4　美军作战概念研发趋势 ············ 75
3.4.1　发展趋势 ············ 75
3.4.2　美国新战争观逐渐成熟 ············ 76
3.4.3　对我启示 ············ 78

第 4 章　美军作战概念验证 ············ 79

4.1　兵棋推演验证 ············ 81
4.1.1　推演主要机构 ············ 81

4.1.2 推演类型和特点 83
4.1.3 兵棋推演的应用 85

4.2 仿真分析验证 89
4.2.1 联合仿真项目 89
4.2.2 战士仿真系统 90
4.2.3 指挥：推演系列 91
4.2.4 "AI＋兵棋推演＋模拟仿真"新模式 93

4.3 作战试验验证 99
4.3.1 俄乌冲突中的马赛克战 100
4.3.2 美国空军先进作战管理系统 101
4.3.3 美国陆军"融合项目" 106

第5章 美军作战概念实战运用 111

5.1 作战概念应用重点方向 112
5.1.1 印太方向 112
5.1.2 中东方向 112
5.1.3 东欧方向 113

5.2 典型作战概念特色与优势 113
5.2.1 网络中心战 113
5.2.2 分布式杀伤 115
5.2.3 马赛克战 116
5.2.4 联合全域作战 117

5.3 作战应用案例 119
5.3.1 伊拉克战争与"网络中心战" 119
5.3.2 台海危机与"远征前进基地" 121
5.3.3 猎杀苏莱曼尼与"分布式杀伤" 121
5.3.4 俄乌冲突与"马赛克战" 122

第6章　对我军作战概念启示展望 ………………………… 123

6.1　发展态势评估 …………………………………………… 124
- 6.1.1　成功案例 ………………………………………… 124
- 6.1.2　存在问题 ………………………………………… 130
- 6.1.3　未来发展分析 …………………………………… 133

6.2　相关战略展望 …………………………………………… 138
- 6.2.1　抵消战略 ………………………………………… 138
- 6.2.2　云战略 …………………………………………… 139
- 6.2.3　智能化战略 ……………………………………… 142

6.3　对我国的发展启示 ……………………………………… 144
- 6.3.1　作战需求的总输入是什么 ……………………… 145
- 6.3.2　作战需求与其他如何衔接 ……………………… 146
- 6.3.3　作战概念设计发展建议 ………………………… 146

参考文献 …………………………………………………… 150

第 1 章

绪　　论

1.1 基本理解

1.1.1 战争的概念与本质

战争是一种集体、集团、组织、派别、国家、政府互相使用暴力、攻击、杀戮等行为,是敌对双方为了达到一定的政治、经济、领土等目的而进行的武装战斗。由于触发战争的往往是政治家而非军人,因此战争亦被视为政治和外交的极端手段。广义来说,并非只有人类才有战争。蚂蚁和黑猩猩等生物也有战争行为。战争是政治集团之间、民族(部落)之间、国家(联盟)之间的矛盾最高的斗争表现形式,是解决纠纷的最暴力的手段,是在自然界解决问题的办法手段之一。在阶级社会,战争是用以解决民族和民族、国家和国家、阶级和阶级、政治集团和政治集团之间矛盾的最高斗争形式,是政治通过暴力手段的延续。

人类社会出现过多种类型的战争。按战争性质分为正义战争和非正义战争;按社会形态分为原始社会后期的战争,奴隶社会、封建社会和资本主义社会的战争等。按战争形态分为冷兵器战争、热兵器战争、机械化战争以及正在形成中的信息化战争;按是否使用核武器分为常规战争和核战争。按战争规模分为世界大战、全面战争和局部战争;按作战空间分为陆上战争、海上战争和空中战争等。

战争对人类的安危、民族的兴衰、国家的存亡、社会的进步与倒退产生直接的重要影响。战争将继续并长期存在于人类社会,并对人类社会历史的发展发挥重要作用。战争的消亡是有条件的,其将经历一个久远的、逐步的过程。只有随着生产力的高度发展和社会的极大进步,随着私有制和阶级的消亡,随着国家或政治集团间根本利害冲突的消失,战争才会失去存在的土壤和条件,最终退出人类历史的舞台。要正确地指导战争,就要正确地发挥主观能动性,使战争的主观指导始终和战争的实际情况相一致,才能将战争引向胜利的彼岸。

21世纪以来,世界政治格局的多极化和经济全球化趋势继续发展,战争手段的高技术化所带来的破坏性和高消耗性的增加等,提高了大规模战争的门槛,遏制了诱发大规模战争因素的增长。虽然世界大战的危险减弱,但世界并不安宁,霸权主义和强权政治仍是威胁世界和平与发展的主要根源,领土、资源、民族、宗教等矛盾以及跨国犯罪、恐怖主义等非传统安全问题日益突出,国际安全形势变得更加复杂多变,局部战争和武装冲突的危险性有增无减。

1.1.2 作战概念内涵外延

1.1.2.1 定义作战概念

目前,缺乏对"作战概念"的统一定义。对"作战概念"的不同理解,在其内涵和外延上都有体现。例如,战争概念、作战概念、战术概念、战法概念、能力概念、装备概念等,都被称为"作战概念"。"作战概念"是舶来词,理解作战概念,关键在于正确理解"概念"。"概念"——concept,词典中"concept"词条为:an abstract or general idea inferred or derived from specificinstances。可见,概念是针对特殊情况引申或提炼出来的抽象或共性的理念。《辞海》的"概念"词条为:对事物的普遍而抽象的认识。通常都是指在同种类的多数事物中,将其共同性、普遍性抽出来,加以概括,继而成为概念。可见,概念是将一类事物的共性、通性提取出来,经过概括而成。《汉语大辞典》(修订版)的"概念"词条为:在头脑里所形成的反映对象的本质属性的思维形式,把所感知的事物的共同本质特点抽象出来,加以概括,就成为概念,概念都具内涵和外延,并且随着主观、客观世界的发展而变化。可见,概念是对事物本质的抽象概括,概念是一种经验概括的理念,概念随主观认识和客观环境而动态变化。基于此,可将作战概念定义为:在某一特定时空条件下,针对某一类作战问题,研究其本质和规律,提炼出其共性特点并加以抽象概括,进而指导这一类作战问题解决的理论。具体而言,作战概念是基于历史、现在和未来的技术发展、威胁判断、地缘局势、作战对手、战场环境等作战条件的研究和判断,对某一类作战问题给出的理论解决方案。

1.1.2.2 理解作战概念

研发并提出一个好的作战概念,需要极强的分析、总结、归纳、抽象、提炼、逻辑、推导、概括、文字等方面的理论功底。实际上,这也是理论研究的共性要求作战概念研发属于作战理论研究。所谓作战理论,是关于作战问题的理性认识和知识体系。作战理论产生于战争实践,又指导战争实践,并要接受战争实践检验。作战理论是基于战争实践的总结、分析和提炼,是指导战争实践的最主要依据和来源。作战概念具有作战理论的所有特征,并具有自身特点。作战概念是针对某一类作战问题的理论成果。作战概念研发的客观基础是战争实践,作战概念落地的唯一途径也是战争实践。新的作战概念能否成立,战争实践是唯一的检验标准。作战概念的重大军事效益,体现在理论和实践两个方面。指导作用和预测功能是所有理论的共性特征,作战概念也不例外。一方面,新的作战概念的产生,需以已有的作战理论为指导,以战争实践和作战需求为源泉和动力。另一方面,在作战概念的萌芽、发展、成熟和应用的过程中,往往又可催生新的作战理论,并创新发展战争实践,更好地满足作战需求。例如,"分布式杀伤"是美国海军 2015 年提出的水面作战概念。21 世纪以来,美国海军认为,由于潜在对手具备了以高性能岸基飞机、巡航导弹和弹道导弹、低噪声潜艇、无人机、C^4ISR 等武器和技术装备为代表的"反介入/区域拒止"能力,美国向对其有重要利益的地区投送力量时将遭遇越来越严峻的挑战。在此需求驱动下,"分布式杀伤"作战概念就水到渠成、合乎逻辑地提出来了。该概念体现了从"兵力集中实现火力集中"向"兵力分散实现火力集中"的转变,其核心思想在于"分布式":打击能力分散配置在大量分散的海上平台上,使敌方 C^4ISR 能力饱和,无法保持对己方所有打击平台的持续侦察、跟踪和监视,保证己方海上平台安全,同时,实现远程火力的精确、集中、灵活、突然投送,并增大了敌方的防御难度。当前,"分布式作战"概念已被各军兵种所广泛接受,已成为作战概念研发的主流指导思想,表现在新的作战概念纷纷被冠以"分布式"一词。诸如此类作战概念非常多,从分布式杀伤,到分布式空战、分布式防空反导、分布式反潜、分布式登陆、分布式态势感知、分布式通讯、分布式侦察预警、分布式后勤、分布式维修、分布式保障等。

1.1.3 作战概念的创新应用

作战概念是针对某一特定作战问题进行的理性思考和前瞻设计。提高作战概念的可行性、可靠性和先进性,有力推动战略构想落实落地,才能赢得未来战场主动权。

作战概念的创新应用必须跟着问题走、奔着问题去。哪里存在作战问题,作战概念创新的关注点就应瞄向哪里;哪里作战问题最紧迫、最突出、最严重,作战概念创新的重点就应放在哪里。唯有如此才能提高作战概念的可行性、可靠性和先进性,有力推动战略构想落实落地。作战概念的创新应用须考虑以下几点:

(1)充分预想敌方威胁。作战概念创新源于敌方威胁,对敌方威胁预想越充分、越全面、越深入,提出的作战问题才能越有分量、越有价值。要认清国际战略博弈、战略摩擦的长期性、复杂性、艰巨性,充分预想敌方可能采取的战略手段;要把握当前战争形态向智能化加速演进的趋势,充分预想敌方可能采取的颠覆性作战样式;要把握联合作战新特点新规律,充分预想可能遇到的艰难困境。

(2)准确提出关键问题。关键问题是主要矛盾的集中体现,对作战进程和结局具有决定性意义。抓住了关键问题,就牵住了作战概念创新的"牛鼻子",一旦解决就能产生"打得一拳开,免得百拳来"的效果。要立足战略全局综合考量关键问题,着眼形势发展科学预见关键问题;要抓住战略枢纽提出战役关键问题,抓住战役枢纽提出战斗关键问题。辽沈战役前,毛泽东同志就曾敏锐地发现锦州是战役关键所在。果然,锦州一解放,长春和沈阳两问题便"迎刃而解"。

(3)创新谋划制胜策略。从整体看个体、从功能看结构、从关联看节点、从影响看价值,深入剖析敌方软肋要害,深度挖掘自身潜力优势,前瞻构想"理技融合、战技结合、奇正结合"的最优化制胜策略集、作战场景图和基本战法库。敏锐捕捉对手防御漏洞,多路径、多领域、多区域隐蔽穿透,变战略内线作战为战略外线作战;精确预判对手进攻顶点,抓住其漏洞及时打击;紧紧围绕对手体系关键枢纽,实施多元一体融合攻击。

(4)具象设计行动要点。行动要点是制胜策略的具象描述,也是将作战概念推向部队的纽带和抓手。只有善于运用准确严谨、简明扼要、形象鲜活的语言加以凝练,才能易于广大官兵理解消化,才能产生巨大的群众效应。着眼开局、控局和收局无缝衔接,贯通设计作战阶段行动要点。着眼主要作战区、协同作战区等区域相互联动配合,关联设计作战空间行动要点。着眼物理域、信息域、认知域等作战域互补增益,融合设计作战领域和要素行动要点。

(5)精细开发关键能力。作战实践是一项系统工程。越是大规模、高烈度、技术复杂的作战行动,越是需要运用工程化思维进行精细化的开发设计。以实现作战体系"功能涌现"为目标,以锻造颠覆性、战略性、基础性作战能力为重心,坚持作战牵引与技术推动相结合、未来期望与现实条件相结合、自上而下设计与自下而上设计实现相结合、宏观定性描述与具体定量分析相结合,统筹设计主要作战方向和次要作战方向能力需求、主导性作战与支援性作战能力需求、新型领域作战与传统领域作战能力需求,按照"重塑能力架构—优化能力量纲—集成能力条目—细化能力清单"的基本思路,精细开发模块化、规范化、标准化的作战能力组件库,清晰绘制作战能力谱系图。

(6)配套提供建设举措。坚持"作战需求牵引规划、规划主导资源配置"的基本原则,构建"能力—项目"的映射关系和需求矩阵。可以按照"聚焦体系、统分结合、协同展开、梯次接续、压茬推进"的开发理念,一体统筹、同步提出武器装备、战场设施、教育训练、综合保障等领域推进路线图、时间表、任务书和项目库,最大程度提高作战概念科学性、完整性和先进性,最大限度缩短作战概念转化周期、成熟周期和迭代周期。

1.2 作战概念发展动因

当前,美军对作战概念并没有明确的定义,但总的来说,美军作战概念一般描述了四个方面的作战要素,即作战问题、力量构成、装备能力和技术手段,体现了美军作战思想的应用和作战样式的设计。此外,美军作战概念还是美军作战理论体系的重要组成部分,可以分为联合作战概念和军种作战概念,属于美军作战理论体系的中间层,既是作战构想的实例化体现,也是作战条令的基本遵循,起到了承上启下的重要作用。作战概念既不同于条令,也不同于空洞的理论,美军在面向大国竞争时代,展开了系列的作战概念创新,牵引部队转型。

1.2.1 应对大国竞争

世界主要国家积极适应战争形态变化,不断创新作战理论,特别是美军加速推进军事转型,提出"分布式杀伤"等作战概念,力图通过改变战争游戏规则谋求战略主动和绝对优势。回顾美国作战概念发展过程,可以发现美军作战概念的产生和演进与国际背景、国家战略、战争实践、科技发展等方面息息相关,处于不断调整和演进的过程中,刻有清晰的时代烙印。

作战概念不是条令。正如40年前陆军上将唐恩·史塔里(Donn Starry)在其《指挥官笔记》第3章"作战概念和条令"中指出的那样,作战概念是对能力的描述,这些能力尚不存在,但具有解决军事问题的潜力。在冷战时代,最重要的问题是北约部队如何防御苏联在欧洲范围内对欧洲的陆地袭击。为阐述是什么,并根据相关部门批准而公布,条令一般"描述了陆军如何作战;运用怎样的战术和武器集成系统;如何进行指挥控制并提供战斗服务支持;怎么样组织部队动员、训练、部署和展开。"

美国军方正在重新学习如何与中国和俄罗斯等核武器大国进行常规冲突,赌注很高。战场上的胜利不是美国人的先天权,而且,当前五角大楼规划人员面临的挑战是全新的。负责起草主要战争计划的战地军官是"9·11"时的尉官,他们的大部分职业生涯都面临着像塔利班这样的技术劣等的对手。面对这些挑战,以联合作战概念形式提供自上而下的指导的需求从未如此强烈。没有概念,美国将输掉下一场战争,并且损失惨重。传统的联合作战概念越来越过时了!指导"沙漠风暴"军事行动的"空地一体战"理论并不能反映网络、太空和信息作战日益重要的作用。制定"空海一体战"的最新努力未能实现,因为其低估了陆军的潜在贡献。自2015年以来,各军种一直在努力展开多域战概念(某些概念的起源可以追溯到更早)尝试,为了实施2018年国防战略提供支撑,未来必须采用更加联合的方式。

1.2.2 解决战争问题

一流军队设计战争,二流军队应对战争,三流军队尾随战争。所谓"真正的战争,发生在战争之前",意思是战争开打之前,战争的理论、样式、打法早已被设计出来。按照设计好的战争来打,岂有不胜之理？设计战争,关键是在摸清战争特点规律的基础上,设计开发新作战概念,推动作战样式和战法创新,从根本上解决"仗怎么打"的问题。当一个作战理论提出时,需要开发相关作战概念,才能使作战理论"下沉"具象化,更好地完善并向军事实践转化。当没有作战理论构想时,作战概念创新可以为研究作战理论提供"原材料"。军事领域是最具有不确定性的领域,人们对战争的认识始终在不断地发展。但是,作战理论创新不能坐等认识成熟后再起步,而是需要在现有认识的基础上,通过主动开发、创新作战概念,构设未来作战图景,探索未来制胜机理,牵引并指导军事实践,才能掌握战争主动权。因此,作战概念创新,正成为军队建设与发展的战略支点与杠杆。

一般而言,作战概念包括三部分内容:一是对作战问题的描述,即作战概念的提出背景、作战环境、作战对手等；二是对解决方案的描述,即概念内涵、应用场景、行动样式、制胜机理、能力特征及优势等；三是对能力需求的描述,即实施该作战概念所需的装备技术、基础条件、实现手段等。可以看出,作战概念应具备针对性、科学性、适应性与可行性等特征,其内涵和外延会随着战略背景、军事方针、威胁对手、时空环境、能力条件等因素的变化不断调整。从某种意义上说,作战概念实际上是作战理论的过渡形态,最终价值是指导牵引军事实践。开发新作战概念的目的和归宿,是挖掘和提升军队战斗力,只有把作战概念转化为作战条令、作战计划,才能充分发挥其价值。

1.2.3 牵引兵力设计

整合联合部队对于实现美国陆军概念所称的"融合"是必不可少的,它比敌人更快地在所有领域产生同时效应。"融合"需要在战役层面进行思考。因此,为了有效地发展和进行融合试验,美军认为应该利用超越任何军种领域的全部联合和多领域专业知识。

融合是不容易的任务,需要联合部队指挥官在所有领域协调行动,以创建"时间窗口的机会",完成事先订制的活动目标。

联合部队指挥官可以采取的促进融合的一种方法是在和平时期决定他们将如何组织部队。他们有多种选择,例如指定下属的陆军司令部来控制陆军和海军部队,指定下属的海军司令部来指挥海军和海军陆战队,或组建一个独立的联合特遣部队指挥部。在战争发生之前确定指挥与控制安排将为联合部队在和平时期的训练中精准提供基线。指挥与控制学者指出,"指挥和控制决定作战的范围,而不是特定的行为本身"。但是,因为"与这些范围相关的自由度可能会发生很大的变化",所以动态作战的概念应以一种可以被视为一个整体的方式进行集成。简而言之,避免冲突的友邻部队为了避免遭受误伤,一直被美军重视。但是,这绝不能与试图同时将战场活动与不同军种对付高价值敌人的目标相混淆。后者需要一定程度的相互依存,协调与合作,这在现代军事史上很少见。

1.2.4 引领装备发展

作战体系是作战平台能量聚放的基本依托和发挥作用的基础。在机械化战争以及之前的时代,作战要素、单元、系统相对独立,作战行动主要以武器平台为中心来组织,整体作战效能基本等同于单个武器平台作战效能的线式累加。未来战争中,体系的结构力决定着军队的战斗力,作战体系成为制胜的基础条件。与单独发展装备平台再根据作战任务搭配使用各装备的方式不同,未来作战武器装备系统性发展思路要求在设计之初就构建一个分工协作的装备体系,所有装备间的协调应用在设计之初就应充分考虑,保证各装备在体系内既分工明确,又能充分协调。在实战情况下,这种经过细致设计的装备体系应用必然更加成熟、稳定。在战场上临时组合的装备体系相比,在执行作战任务时,整个体系将反应更快,应用更成熟,配合更默契。

在体系聚优作战概念设计中,特别是随着信息网络技术及太空、定向能技术在军事上的应用,太空威慑、网络威慑、电磁武器威慑等成为新型威慑手段。太空威慑,主要是以快速响应电磁轨道武器、天地网络化反导航定位服务系统、大椭圆轨道激光武器、高功率微波武器等装备,威胁攻击对手空间目标,形成对敌空间信息"干扰阻断"威慑。网络威慑,主要是以网络空间态势感知和攻击装备,威胁攻击对手军事网络及其他关键信息基础设施,实现对敌威慑。电磁武器威慑,主要是以电磁频谱作战系统,威胁攻击敌探测、导航、通信等信息化武器装备系统,实现对敌致聋致盲威慑。

1.2.5 驱动作战样式演进

美军近年来实践了9种作战样式:一是整体威慑战,在体系聚优战中积极组织静态威力展示和威慑行动,力争不战或小战而屈人之兵;二是电磁扰阻战,运用电子侦攻防等多种作战手段和行动样式,扰乱、阻止、破坏敌电磁能力的发挥,积极争夺电磁频谱优势,夺取制信息权,进而赢得作战主动;三是网络破击战,运用软打击和硬摧毁等多种手段,破敌指挥网、情报网、通信网、后勤补给网,乱敌指挥保障;四是认知控扰战,通过信息攻击、舆论攻击、脑攻击,在认知空间形成控制优势;五是敏捷机动战,快速调整兵力兵器部署,在即设战场快速聚集能力,抢夺作战先机;六是蜂群自主战,广泛运用"蜂群""狼群""鱼群"等无人作战手段,自主组织行动、分布式攻击,实现人机联合制胜;七是精确点杀战,精准获取情报,实施多域精确打击,力争打一点撼全局,实现作战效益最大化;八是补给断链战,组织精锐力量,打敌后勤物资和装备供应补给链、补给线和补给基地,破敌失去补给而退出战斗;九是体系毁瘫战,综合采取破网、锻炼、打节点等多种手段,干扰、迟滞、破坏甚至瘫痪敌作战体系有效运转,削弱敌作战体系功能。

1.3 作战概念发展阶段

美军作战概念发展正式开始于20世纪90年代,以美军参联会在1996年分别颁布的3010.01主席指令文件和《2010年联合构想》为标志。30年来,随着国际战略形势的深刻变化和新军事革命的强力推动,美军作战概念的发展在形式上不断丰富完善,在内容上逐渐调整演进,牵引着美军转型持续深入。总体而言,按照美军转型十年一个阶段的划分法,可分为20世纪90年代的形成期、21世纪前10年的调整期以及第二个10年的完善期三个阶段。

1.3.1 形成期:形成概念驱动模式,面向未来发起转型

要定位美军作战概念的形成时间,首先需要明确作战概念与作战条令的区别和联系。作战概念与作战条令虽同为作战理论,但前者的本质特征是探索性,后者的本质特征是指导性。美军作战概念是美军针对未来安全威胁探索军事解

决方案,以此提出能力发展建议的一种作战理论(概念开发),也是运用这些建议直接指导美军建设发展的一套实践方案(概念执行)。作战概念区别于作战条令的主要特点是其不仅反映对未来作战问题的理性认识,而且还要将这种认识直接转化为牵引军队建设、指导军事实践的一系列具体措施。从这一区别出发,虽然美军对作战概念的探索酝酿可以追溯到冷战期间美军为应对苏军威胁所提出的"空地一体战"作战理论,但是,该理论在1981年正式提出,在1982年便正式写入了《陆军作战纲要》,主要发挥了指导美军建设备战的作用,性质上属于作战条令。但也正是这一理论在海湾战争中的成功运用,使美军认识到了理论牵引实践的巨大作用,也由此开启了"概念驱动"模式的美军转型之路。因此,美军作战概念发展的起点可定位在20世纪90年代,若早于这一时间,便会将作战概念与作战条令相混淆。当然,这是在严格意义上对作战概念与作战条令所做的区分。若在广义上将作战概念视为一种对未来作战构想的作战理论,而不论其是否进入条令直接指导备战打仗,则"空地一体战"理论也属于作战概念的范畴。本书是从严格意义上的作战概念内涵出发来界定其发展起点的。

  美军作战概念在此期间的发展处于初步成形阶段,在形式上发展的标志性成果为参联会分别在1996年和1998年颁布的两份主席指令文件:CJCSI 3010.01和CJCSI 3010.02。在这两份文件当中,美军正式提出了"基于概念"的方法344,并对条令、概念与构想这三种军事理论做出了明确区分:条令(Doctrine)是当前及近期5年内美军行动的依据准则;概念(Concept)是未来中期5～15年内美军所要发展的理论;构想(Vision)是未来远期15～20年内美军对作战的设想。三者的逻辑关系是:首先,每一任参联会主席要提出对未来的基本构想;其次,参联会、各军种以及其他机构部门为执行这一构想开发作战概念;最后经过试验和评估,成熟的概念将写入条令,成为指导美军行动的基本依据。这一时期,美军形成了对概念在军事转型中所发挥作用的基本认识,但对概念的层次没有进行具体划分,统一以"联合行动概念"(Joint Operational Concepts)这一术语代替。需要说明的是,在其后的发展中,"联合构想"(Joint Vision)这一术语将被"联合顶层概念"所取代。

  这段时间美军作战概念在内容上发展的代表性成果,便是20世纪90年代中后期参联会发布的两份构想文件和联合部队司令部提出的"快速决定性作战"概念。美军参联会分别在1996年和2000年颁布了《2010年联合构想》和《2020年联合构想》两份文件。《2010年联合构想》指出美军要在2010年左右实现夺取"全谱优势"的目标,并提出了主导机动、精确打击、全维防护、聚焦后勤等新的作战概念。在这一文件的框架内,各军种也提出了各自的构想。美国陆军出台了《2010年陆军构想》，空军发布了《全球参与——对21世纪美国空军的构想》，海军则提出了由海向陆机动作战等构想。《2020年联合构想》在认可2010版构想总体架构的基础上，基于20年之后的威胁与挑战，将战略目标从应对地区性大国调整为对付潜在的全球性对手，明确了要用信息优势来达成决策优势、行动优势的基本路径，以实现美军在各种军事行动中的全面优势。"快速决定性作战"概念在1999年由美军联合部队司令部提出，设想美国面对强大的地区性敌国的挑战，研究美国如何迅速击败这样的敌人。这一概念中最为核心的理论便是将敌国看成是一个系统，基于效果而不是基于摧毁作战，强调运用主宰机动、精确交战和信息作战等手段，集中突击敌人重心，使敌迅速失去作战能力，瓦解敌人意志。

总体而言，美军作战概念的发展在20世纪90年代处于形成阶段。在这一时期，美军作战概念在形式上还从属于作战构想，是作战构想的支撑性文件，但已经明确了作战概念牵引美军转型的主导作用，初步探索了牵引的机制；在内容上，美军则在作战构想的框架下提出了一系列面向未来的创新概念，并随着对未来威胁挑战的认知变化，及时更新了作战构想及相关概念，内容与形式相统一。美军在这一时期初步形成了概念驱动军队建设的模式，开始面向未来发起转型。

1.3.2 调整期：确立概念簇体系，着眼网络推进转型

美军作战概念的发展在21世纪前十年处于深化调整阶段，其在形式上发展的标志性成果是美军参联会颁布的CJCSI 3010.02A和CJCSI 3010.02B两份文件。

2001年发布的CJCSI 3010.02A主要着眼于如何具体实施联合构想。一是明确了联合构想的实施过程。联合构想为集成军种的行动概念和独特能力提供了一个框架，其实施过程主要分为联合概念开发、联合试验与评估、联合集成与执行等3个阶段。二是区分了作战概念的类型。该份文件首次将美军的作战概念区分为顶层概念(capstone concept)、集成概念(integrating concept)和职能概念(functional concept)。其中，顶层概念拓展了联合构想中的关键思想，为实现联合构想提供了下一层次的解决方案，并为后续的试验与评估提供了一个更为详细的基础。三是明确了相应组织机构的职责。例如，规定联合参谋部行动计划与联合部队发展局局长总体负责联合构想的实施和项目管理。

2006年出台的CJCSI 3010.02B文件是美军作战概念发展的一个重要节点。一是正式提出了联合行动概念(Joint Operations Concepts，JOC)这一术语，并将其

明确定位为未来 8~20 年美军的"转型引擎"。"Joint Operational Concepts"与"Joint Operations Concepts"虽可同译为"联合行动概念",但其英文中一个单词的词性之差却反映了美军对作战概念认识的变化。在英文语境当中,"Operational"是形容词,表示执行层面上"操作的、经营的、业务上的"等语义;而"Operation"是名词,其基本含义便是具体的"行动"。从军事角度来说,"Operation"不仅包括战役战术层次的行动,也包含战略层次的战略计划、评估、实施等行动;不仅包括以冲突和对抗为典型特征的作战行动,也包含抢险救灾、维稳重建等非战争军事行动等。美军使用"Joint Operations Concepts"这一术语来代替"Joint Operational Concepts",其意便是用 Joint Operations Concepts 统称未来美军各种军事行动的概念。二是首次提出了联合行动概念簇(JOC Family),并将其分为 4 种类型,即联合顶层概念(Capstone Concept for Joint Operations,CCJO)、联合实施概念(Joint Operating Concepts,JOC)、联合职能概念(Joint Functional Concepts,JFC)和联合集成概念(Joint Integrating Concepts,JIC)。三是总体明确了联合行动概念与联合能力集成和开发系统(Joint Capabilities Integration and Development System,JCIDS)的关系,即源于 JOC 概念簇产生的军事能力进入 JCIDS 分析过程,以确定能力差距和可能的条令、组织、训练、装备、领导与教育、人员、设施和政策(Doctrine、Organization、Training、Materiel、Leadership and Education、Personnel、Facilities、Policy、DOTMLPF – P)解决方案。四是正式确定了联合行动概念的开发程序,即启动、编写、评估和修订。

这一时期,美军作战概念在内容上发展的代表性成果是参联会分别在 2003 年、2005 年、2009 年发布的 3 个版本的联合顶层概念。其中,2003 版总结了以海湾战争为代表的高技术战争条件下联合作战的特点和规律,主要着眼未来 15~20 年(2018—2023 年)的安全环境,区分了未来联合部队的 4 种军事行动,提出了包括全谱优势、战斗空间感知、信息行动等在内的一系列创新概念。2005 版主要阐述未来 8~20 年(2013—2025 年)之间美军可能面临的安全环境和军事挑战,提供了战争与非战争军事行动的理论指导,与 2003 版相比,新增了网络中心环境、部队管理和联合训练等三个联合职能概念。2009 版主要阐述了美军在未来 7~19 年(2016—2028 年)之间可能面临的安全环境和军事挑战,提出了"非常规战"、"合作安全的军事贡献"两个新的联合实施概念;对同期发布的《联合行动环境》内容进行了概括,确定了未来联合部队必须具备的一系列核心能力和重要特点。3 个版本的联合顶层概念均将"网络化"作为未来 20 年内联合部队的典型特征,认为所有联合部队将充分利用由网络提供的信息和专业知识,并充分运用网络的联接性改善信息共享、行动协同和综合态势感知。

总体而言，美军这段时期作战概念的发展，在形式上取代了作战构想，构建了概念簇、明确了概念通过JCIDS驱动转型的具体路径，正式形成了"基于能力、概念驱动"的联合部队发展模式；在内容上，随着对未来安全环境和军事挑战认知的变化，美军越来越重视网络化部队的建设，越来越重视与盟国、伙伴国之间的军事合作，以共同应对全球武装叛乱组织、恐怖主义基地组织等非国家行为体的威胁与挑战。

1.3.3 完善期：完善概念形式程序，聚焦体系深化转型

美军作战概念发展自2010年以来，在形式上处于继续完善的阶段，在内容上则聚焦体系深化转型。从形式角度看，参联会分别在2012年、2013年和2016年发布了CJCSI 3010.02C、CJCSI 3010.02D以及CJCSI 3010.02E。随着这3份主席指令文件的颁布实施，美军联合作战概念内涵逐渐清晰，分类日趋完善，开发与执行程序也渐渐规范。

一是首次界定了"联合概念"(Joint Concept)的内涵。虽然美军之前也在使用"联合概念""联合行动概念"这些术语，但直到2012年后美军才正式界定了"联合概念"的内涵。CJCSI 3010.02C和CJCSI 3010.02D两份文件均从作用角度对其进行界定，即联合概念"将战略指导和未来联合部队的发展运用联系起来，是美军DOTMLPF-P框架变化的转型引擎"。CJCSI 3010.02E则是从本质角度进行界定，即联合概念是"确定当前或未来的军事挑战，并提出一个解决方案以提高联合部队应对这一挑战的能力，也可以基于未来技术提出运用联合部队的新方式"。

二是逐渐明确了联合概念簇(Joint Concept Family)的分类。参联会在CJCSI 3010.02C中明确提出今后将不再使用"联合职能概念"和"联合集成概念"这两个术语，而将其统称为"联合概念"。

随后，CJCSI 3010.02D对联合概念簇又进行了重新修订，即分为联合顶层概念(CCJO)、联合执行概念(Joint Implementation Concepts, JIC)和支撑性联合概念(Supporting Joint Concept, SJC)。其中，支撑性联合概念又可根据对JOC的支持，分为纵向支持单项JOC的支撑性联合概念和横向支持多项JOC的支撑性联合概念。CJCSI 3010.02E文件中保留了这种分类法。三是探索形成了联合概念开发与执行程序。2006年的CJCSI 3010.02B主要明确了联合行动概念开发的程序，2012年CJCSI 3010.02C在其基础上对联合试验进行了详细的解释说明。2013年CJCSI 3010.02D着眼联合概念的整个生命周期，将其分为开发与执行两

个阶段,2016 年 CJCSI 3010.02E 则在上一版的总体架构上进一步明确了每一阶段的程序和步骤。美军作战概念 2010 年以后在内容上发展的代表性成果是参联会 2012 年 9 月发布的《联合顶层概念:联合部队 2020 年》,以及各军种、研究机构等相继发布的一系列概念文件。在《联合顶层概念:联合部队 2020 年》文件中,美军认为未来安全环境中的最大威胁是某些中等国家或非国家行为体,可能以网络、太空武器、精确制导和反介入/区域拒止等相关先进技术为支撑,具备以非对称方式攻击美国软肋的能力;对美军所构成的最大挑战就是未来联合部队在资源有限的情况下,如何保护美国国家利益不受日益强大的敌人的挑战。为此,美军提出"全球一体化行动"概念以应对。这一概念的主要思想是要求部署在全球的美军部队将能够跨越领域、地域以及组织层级等传统上的束缚条件,快速整合各种作战能力,形成决定性的力量,主要内容包括跨域协同、全球灵活机动、灵活组建和使用部队等 8 项要素。在这一顶层联合概念指导下,各军种及研究机构也纷纷发布了系列概念文件。例如,空军在 2015 年提出"敏捷性作战"、海军在 2016 年提出"分布式杀伤"、陆军在 2018 年提出"多域战"、海军陆战队在 2018 年提出"21 世纪远征部队作战"、美国国防高级研究计划局(Defence Advanced Research Projects Agency,DARPA)在 2017 年发布"马赛克战"等。

随着"全球一体化行动"概念的提出,美军更加强调跨领域、跨地域、跨组织的联合作战。这种"三跨"的作战实质上就是体系作战。联合作战从较高层次的战役级向较低层次的战术级延伸,必然要求战场上各个领域地域、各种力量组织的系统、单元、要素能够深度融合,形成一个上下左右均能联通的体系进行作战,进而形成全球一体化行动能力。

1.4 作战概念复杂性分析

1.4.1 战争本身内涵多元要素关联的复杂性

战争行为是一个极其复杂的过程,包括情报侦察、指挥控制、打击行动、效果评估、综合保障等多个环节和过程。在现代战争中,这一系列的作战过程都是基于一个复杂的信息系统,由于系统复杂,信息传播的节点多,任何行动、任何节点上产生一点儿细微的差错,都会对整个作战全局和结果产生影响。此外,复杂性还意味着产生问题的多样性,如登陆作战中,登陆场的选定,就要综合考虑气象、地形、潮汐、岸滩、敌军部署、输送方式等,若单就某一因素分析,还比较容易做出结论,但若把各个因素联系起来综合分析,情况就变得相当复杂且难以确定。因此说,单一因素便于把握,也可以做出精确的定量分析和描述。但多个因素共同交织作用,就很难做出精确的定量分析和描述,因素越多,联系越错综复杂,越难以精确量化。大量可以精确描述的因素错综复杂地交织在一起,就会产生模糊性。

复杂系统的不相容原理告诉我们,系统的复杂性增大,人们将其准确量化的能力将会降低,当达到一定的限度值时,复杂性和精确性就会相互排斥,也就是说复杂性越高,有意义的精确量化的可能性就越低,越想追求精确,反而离实战越远。正是基于这一战争基本规律的分析和认识,历代兵棋设计者们都始终坚持把随机性作为兵棋的重要特征加以体现。

1.4.2 大国竞争带来地缘政治问题的复杂性

二战后,全球地缘政治格局大致经历了4个阶段。一是冷战时期,美国和苏联两个超级大国在全球范围内争夺霸权,这一阶段的地缘政治关系具有鲜明的意识形态特色。二是单极时期,伴随着苏联解体,两极格局终结,地缘政治发生了巨大变化,美国依靠在经济、政治、科技和军事等方面的绝对领先地位,成为全球最具影响力的国家,这一阶段的地缘政治出现缓和与紧张、和平与动荡并存的局面。三是单极向多极转换时期,伴随着发达国家的产业转移和全球化的深入展开,一些新兴国家经济快速发展,同时,这些国家通过深度参与全球经贸,在全球治理和国际政治领域的话语权不断增强,国际政治多极化趋势愈发明显。四是新地缘政治阶段,21世纪前20年的地缘政治比过去更加复杂和微妙,给世界各国带来了新的挑战和机遇。尤其是2018年以来,全球化进程出现新态势、新的参与者在全球政治经济舞台上的影响进一步增强,在新冠疫情和俄乌冲突的助推下,新的地缘政治格局正在快速演进。结合当前的各类政治事件和发展形势,《全球风险报告》提出的全球地缘政治格局具有碎片化趋势并不为过。地缘政治碎片化就是全球政治力量的分散化和地缘政治利益的多样化,一些国家和地区在政治、经济和文化方面越来越趋向分裂和自主性,表现出对抗和缺乏协调,不同国家和地区之间的关系和互动逐渐变得复杂多样,且呈现多极和分散的趋势。

当前,全球地缘政治格局的碎片化趋势明显,具体表现有以下4个方面:

一是区域组织分化冲突增加。近年来,一些地缘政治联盟和组织出现了问题,如英国脱欧、美国退群等,虽然俄乌冲突让北约"更加团结",但其依然面临土耳其、美国等成员国之间的分歧。这些问题导致了区域联盟和组织的潜在分裂。同时,一些国家之间由于历史、文化、宗教、民族等方面的原因,存在着领土争端和纠纷,某些被搁置的矛盾和争议,可能随着某些国家在经济或政治领域的力量的变化,被重新提起,从而引发新的对抗。此外,全球大国之间的竞争也日益激烈,这些竞争也可能从经济领域的摩擦,转向地缘政治冲突。

二是国际贸易保护主义加剧。国际贸易保护主义是指国家采取各种政策,限制或者禁止进口商品,或者提高进口商品的关税,以保护本国工业和农业部门。在地缘政治碎片化的趋势下,国际贸易保护主义呈现出加剧的趋势,从而导致全球经济贸易关系的不稳定和动荡。随着国际贸易关系变得更加复杂和紧张,一些国家还会采取包括对进口商品征收更高的关税、非关税壁垒和限制外国投资等更多的保护主义措施。这些措施又进一步对全球经济贸易关系造成不良影响,更使得国家之间的关系紧张和复杂,增加全球治理的难度。2018年以来,国际贸易保护主义有愈演愈烈的趋势,尤其是发达国家推崇和支持的全球化,在其自身的贸易保护下,愈发艰难。特朗普政府时期,美国采取了一系列贸易保护主义政策,包括对中国实行高额关税,对钢铝进口征收25%的关税。欧盟也采取了一些贸易保护主义政策,比如对钢铝、太阳能电池板、进口轮胎等征收高额关税,限制外国公司在欧盟内的投资等。这些政策都对全球经济贸易关系造成了不利影响,导致了全球贸易关系的紧张和不稳定。

三是地区主义兴起。地区主义强调地域特色和认同感,包括文化、经济、政治等方面,民族主义和分裂倾向就是地区主义兴起的表现。越来越多的国家和地区倾向于强调本土文化、语言和传统,这种趋势导致地缘政治分散化和地区主义兴起,增加了不同国家和地区之间的冲突和竞争。欧洲在过去几年中出现了民族主义和分裂倾向的抬头。例如,苏格兰和加泰罗尼亚等地区曾举行独立公投,并引发了该地区的争议和动荡。此外,欧洲还面临着移民危机和反移民浪潮等问题,导致欧洲内部的分裂和不稳定。拉美地区在过去几年中也经历了政治左转和右转的波动。例如,墨西哥和阿根廷等国家实施了一系列的社会政策,而巴西和智利等国家则经历了政治转向的浪潮。地区主义兴起表明人们越来越关注和强调地域的特色和认同感,但同时也会带来地缘政治风险和经济不稳定性。

四是国际秩序和治理多极化趋势明显。近年来,随着全球力量的重新分配,部分国家或地区具备了相对平衡的权力和影响力,逐步形成了一种多极权力结构,世界正在走向一个多极化的国际秩序,然而这种多极趋势并不具有统一的意志,可能还缺乏协调性,从而导致了国际政治的不确定性、波动和混乱,用碎片化来定义可能更为贴切,所以,这也增加了不同国家之间的竞争和冲突。当前,世界上最大的经济体是美国、中国和欧盟,它们在经济和政治方面的地位都非常重要。中美之间的竞争已经成为世界关注的焦点,两国在贸易、科技、安全等方面的竞争不断升级。而俄罗斯和欧洲国家之间的竞争也非常明显,尤其是在乌克兰和叙利亚等问题上,俄罗斯和美欧之间的矛盾越发突出。此外,印度、日本、巴西等国也在地缘政治格局变化的进程中扮演重要的角色。这些在大国及区域有影响力的国家都在参与和影响着现有的国际秩序,而这种情形在十年前是不可想象的。

可以说,地缘政治碎片化已经成为世界政治格局的发展趋势,它既带来了机遇,也充满了挑战。

1.4.3 科技发展造成战争形态演变的复杂性

纵观人类发展史,科技始终是军事发展中最活跃、最具革命性的因素,每一次重大科技进步和创新都会引发军事领域的深远变革。当今时代,新一轮技术突破和产业升级不断兴起,一大批新兴科技成果正在向军事领域迁移,推动战争形态与作战方式加速演变。面向未来战争,应该深刻把握军事变革大势,紧盯科技发展前沿,强化作战需求牵引,思谋作战方式变革,积极抢占军事竞争主动权。

一是新兴科技革新思维观念。列宁说过,不理解时代,就不能理解战争。如果以科技的视角来看作战方式演变,每个时代最有代表性的科技成果往往决定着这个时代的人类作战方式。科技在变革作战方式的同时,更在颠覆甚至强制性地使人们摒弃陈旧过时的观念,不断催生军事领域的新思维、新观念。近年来,世界军事强国不断推进智能化技术军事运用和先进武器装备的研发投入,提出全新的作战概念,探索信息化智能化时代的作战方式,谋求在未来战争中赢得主动。在新兴科技快速发展的时代,应坚决突破传统观念束缚,主动革新思维理念,探究战争制胜新机理,发展新域新质力量,引领作战样式变革,更好地驾驭战争、打赢战争。

二是新兴科技开辟新域空间。作战空间是承载人类战争活动的空间区域,也是人类作战方式不断发展革新的重要舞台。科技发展在为人类生产生活持续开辟新空间的同时,也带来军队作战空间的不断拓展。综观作战空间发展演变,呈现出由平面空间到立体空间、由物理空间到虚拟空间、由单维单域空间向多维复合空间的转变过程。进入信息化智能化时代,人类开辟新域空间的能力大为提高,作战空间的维度也在不断增加,从传统的陆、海、空、天拓展到网络、电磁等空间,世界各国对作战空间制权优势的争夺也日趋激烈。未来战争,谁在新域空间拥有作战与行动自由,谁就能拥有作战优势甚至形成对对手"降维打击"的能力。为此,应准确把握科技发展带来的作战空间新维度和新特性,发展与之相适应的作战力量,积极夺取未来作战的空间制权优势。

三是新兴科技推进装备升级。武器装备是科学技术在军事领域的物化表现,是战斗力最为关键的物质基础。在一定意义上讲,作战手段的更新取决于武器装备的升级换代,最早的刀枪剑戟只是人体器官功能的简单延伸,坦克、飞机等武器的出现很快将人类带入机械化战争时代,而以信息网络为支撑的现代武器装备则极大地拓展了人类的战争能力。科技创新不断推动武器装备迭代升级,带来武器装备打击力、机动力、信息力等不断增强。此外,科技创新提高了装备保障能力。3D打印等技术的出现,使装备大规模制造、低成本生产、重复式使用成为可能,能够为战场源源不断地提供武器装备,支撑军队持久作战。新兴科技为武器装备升级换代提供了有力支撑,也带来了拉开新一轮武器装备代差的挑战。为此,应加快发展前沿性、颠覆性技术,加大新概念、新机理武器装备研发,在新型武器装备发展赛道上不落后。

四是新兴科技催生新型力量。科技创新成果应用于军事领域,必然导致新型作战力量的兴起。从历史上看,科技领域每一次重大进步,军事领域都会衍生出相应的新型作战力量。特别是在新一轮科技革命作用下,战争的制胜观念、制胜要素、制胜方式等发生重大变化,新型作战力量成为当今时代军事发展的风向标,代表着军事技术和作战方式的发展趋势。当前,在太空、网络、深海、生物、认知等领域,各种新型作战力量陆续走上战争舞台,成为战斗力新的重要增长点。在日益激烈的军事斗争格局中,应加快发展新域新质作战力量,加快提升新质战斗力建设水平,确保在未来战争中抢占先机、赢得主动。

五是,新兴科技重塑作战体系。现代战争是体系与体系的对抗。随着战争形态向信息化智能化演变,作战体系已经发展成为一个涵盖内容多、关联程度高、转换变化快的"巨系统"。现代联合作战,网络信息系统为作战体系提供纵横交叉链接,把原来等级分明、条块分割的各个作战单元、作战要素、作战系统联为整体,从而发挥单个武器系统所不具备的整体作战效能。当前,世界军事强国正在积极推进联合全域作战体系建设,意图实现陆海空天电网等领域以及军事盟友间作战力量的广域覆盖,各军兵种武器平台能够实现末端直连。为此,应高度关注大数据和人工智能等技术的发展,让新兴科技为联合作战体系赋能增效,在未来战争中能够以体系之优实现作战之胜。

1.4.4 机理演进带来体系重塑融合的复杂性

当前,技术进步和理论创新不断将战争问题推向全新高度,世界格局和军事形态的深刻变化亦将作战行动引入全新阶段,战争理念、作战体系、战法打法等均在持续发展变化,以传统作战方式应对新威胁、遂行新任务、对抗新对手的局限制约越来越大,创新适应现代作战要求的作战方式势在必行。

技术发展驱动作战体系重组。新技术发展到一定阶段后,将不以人们的意志为转移去改变作战。人工智能技术的飞速发展和深度运用,使作战体系构成更加多元,除传统侦察、打击、防护、保障等系统外,智能、无人、数据、认知等新型系统地位作用突显,作战力量构成更加精细复杂,战场空间无所不包、无所不在,作战对抗你中有我、我中有你成为常态。

战争演变引发作战机理重塑。战争演变进入一种全新的形态,其内在的作战机理必将发生质的改变。现代战争智能化特征愈发明显,作战体系表现出外在混沌、内部精细,系统模糊、节点精确、中心不显、动态平衡的特征,作战力量多元多域,战场空间全域全维,作战时空间隙越来越小,按照传统破击体系的作战机理,已经很难满足全新战争形态的需要。

威胁升级倒逼作战理念重树。安全威胁的不断变化需要采取不同的方式加以应对化解。当今时代,政治、军事、经济等多种手段综合运用的混合战争造成安全威胁来源方式多、领域广,作战对手采取"去中心化"的作战部署与行动使防范难度大增,若采取传统方式应对,效果将大打折扣。这就需要将作战体系解耦、将作战能力解聚,以一种更加自主、弹性、灵活、分布的方式去作战。

理论创新牵引作战形态重构。对作战的群体认知一旦达成共识,可能引发作战方式的深度变革。当前,强国军队正普遍加速推进作战理论创新,不断提出新思想新概念。比如,美军"联合全域指挥控制"、英军"分布式兵力"、俄军"大纵深战役理论"等,都强调在更大范围、更多领域、更复杂环境下实施作战,这种认识上的不断趋同为孕育出全新作战形态提供了必备"母体"。

第 2 章

美军作战概念发展历程

2.1 美军典型作战概念

2.1.1 空海一体战/全球公域介入与机动联合（JAM–GC）

1）提出背景

先进军事科技的扩散及潜在竞争国家的挑战，被美国国防部统称为"反介入/区域拒止"（Anti–Access/Area–Denial，A2/AD）挑战，1993年首度出现在美国国防部净评估办公室（ONA）的报告中。该报告认为，美国的潜在挑战者可能持续开发先进技术，第三世界国家也广泛采购更具摧毁力、更大射程的武器，迫使美国进入战区时需从更远的距离发起，也使美国盟邦更易遭到作战对手攻击；另外，美国的大型前沿部署基地，如20世纪90年代的苏比克湾、克拉克空军基地、日本以及马耳他岛等地，都可能成为第三世界国家精确制导武器、核生物武器、弹道导弹、巡航导弹或高性能战机的打击对象。

在此背景下，1992年5月，美国海军上将詹姆斯·史塔夫里德斯首先提出"空海一体战"（Air Sea Battle）概念，他指出美国在面对新的威胁及一系列广泛而难以预测的危机时，应重新组织空中及海上部队，采用新的训练、组织和运用概念，整合美国海军的航空母舰战斗群、空军的混合联队以及陆战队的两栖战备群，以"空海一体战"概念为中心，建立一支可部署的联合打击部队。2009年9月，美国空军参谋长施瓦茨上将和美国海军作战部长加里·拉夫黑德上将签署了一份机密性备忘录，启动由空海军共同开发一个新作战概念，即"空海一体战"。2010年2月，美国国防部长罗伯特·盖茨发布的新版《四年防务评估报告》正式提出"空海一体战"联合作战新概念，成为美军一个时期建设运用的重点。

2）概念内涵

"空海一体战"概念描述了美军应对未来作战所需的能力，包括高度干扰的电磁频谱环境中有效指挥和控制联合作战力量、通过展示美军的军事能力和意图威慑对手、在风险可承受情况下实施在作战区域内的机动作战等。

"空海一体战"概念的思想根源是"空地一体战"，并有明确的作战环境、作战对象和作战目标，即以西太平洋地区为主战场，以中、俄为主要作战对象，鲜明的目标是遏制中、俄，维持美国霸权。对于美国亚太盟国而言，"空海一体战"不仅使其被绑架在美国的战略目标上，而且将其置于充当美军"先遣队"和"敢死队"的危险处境。根据"空海一体战"作战构想，散布于亚太盟国的美军基地肩负支援美军作战、分散敌军火力、抗敌首轮打击的艰巨任务。因此接受"空海一体战"概念，意味着本国将面临巨大战争风险。鉴于此，韩国、澳大利亚等美国盟友以及大多数亚太国家，都对美国"空海一体战"的概念表示沉默。

经过反思，美军在2015年1月决定用"全球公域进入与机动联合概念"（JAM-GC）取代"空海一体战"。所谓"全球公域"，是指地球上无人独有、全体共享的区域，对美国而言则是进入别国主权空间的通道。所谓"进入与机动"，在美军既有理论和概念中就是指不管有没有阻碍，都必须确保随时进入某个区域并在该区域实施作战。确保对全球公域的出入自由、充分利用与有效控制，是美国霸权主义的核心关键和军事基础。在此意义上，新概念比旧概念更加具体。

从目前情况看，陆军在新概念中的作用主要包括防空反导、战役战术火力打击、特种侦察和破袭等。宏观上讲，将陆军纳入其中，有利于加强对各军种的联合管理，加快各军种作战能力一体化建设，最大限度发挥诸军种力量聚合优势，保持美军整体作战能力的领先地位。从微观的角度出发，吸收陆军后，美军在西太地区可运用的作战资源更多，运用武力的手段和方式更丰富，打造联盟的途径和渠道也将大大拓展。

其次，将假想对手从中国、伊朗、俄罗斯变更为全世界敢于挑战美军公共领域霸权的对象。"空海一体战"紧盯中、俄和大规模作战，"全球公域进入与机动联合概念"聚焦于关键领域。后者虽然战略指向性有所模糊，战争强度表面上有所降低，但在军队建设和作战准备的实践性方面更加务实。在新概念框架内，美军可能放弃或者克制对目标国内陆纵深目标的打击，将主要战场限定在全球公域范围内，如12海里（约22千米）领海外的海洋公域。相当于为可能发生的未来冲突增加了一层"纸面上"的限制，虽然聊胜于无，但对于美国国内反对人士和亚太盟友而言，至少是一定程度的"心理安慰"。

3）核心思想

"空海一体战"的核心思想是通过不断强化对美军各军兵种、各战区部队的日常网络化、一体化编组、训练、建设，在天空、海洋、陆地、太空、网络空间这五个互相依赖的作战领域中实施跨域作战行动，开展全球远程打击，以破坏、摧毁和击败敌人的"反介入/区域拒止能力"，确保美军在全球的行动自由。

其中，"网络化"指根据任务进行编组的部队实时紧密地协调网络化活动，以在所有作战领域展开协调一致的行动，而不拘泥于特定军种的作战程序、战术或武器系统；"一体化"是指对部队及其活动进行配置，以使部队能够作为一个整体在所有作战领域开展网络化作战。"空海一体战"作战概念在很大程度上将由海军和空军来执行。

4）主要策略

"空海一体战"针对 21 世纪二三十年代的战略形势，以海上、空中、太空、网络力量为主，将美国陆军、海军、海军陆战队和空军以全新和创造性的方式进行联合，实施高度一体化的联合作战。在作战力量方面，强调以海、空力量为主体，整合太空、网络和盟国力量，采用新式力量编组，构建多维一体的作战力量体系。在战场体系方面，着眼于战区的地理特征和地缘战略因素，以核心军事基地为支撑，优化战区基地布局，进一步扩大战略纵深，形成更加灵活的部署态势。在作战指挥方面，以战区司令部为依托，完善指挥协调机制，特别是海空协调机制，构建更加灵活高效的联合作战指挥体系。在作战行动方面，以信息致盲为主导，实施隐身、远程和实时精确打击，夺控主动权，主要作战样式有防空反导作战、致盲作战、反导压制作战、防空体系压制作战、反潜作战、反水面作战和远程封锁作战。

按照"空海一体战"构想，其分为两个阶段。第一阶段为战争初始阶段，主要作战行动包括：对作战对手战斗网络实施致盲攻击，压制其远程侦察情报系统和打击系统，全面瘫痪其陆上、海上、空中、太空和网络作战体系，摧毁其远程打击系统尤其是以基地为主的导弹力量，遂行持久战、实施远程封锁作战、保持后勤保障能力、扩大工业生产，支撑答应长期常规战争。第二阶段为战争主要阶段，主要作战行动和任务包括：遂行持久战、实施远程封锁作战、保持后勤保障能力、扩大工业生产（尤其是精确制导武器生产）等，支持美国打赢长期的常规战争。

2.1.2 网络中心战（NCO）

1）提出背景

随着现代各种领域与战争的融合，维护国家安全也逐渐变得复杂起来，很难用以往单一化、孤立化的手段去预防地区冲突。对此，通过协调统一指挥、通信、侦察和打击系统，全面整合作战编队并提高其互动水平，正成为西方大多数国家军队改革的一个重要和优先的方向。

网络空间是信息活动的主要空间。产生于物理域的信息进入网络，就像工厂的产品进入流通环节。美军认为，单靠网络不足以提高战斗力，但网络是实现网络中心战（Network – Centric Operations）概念的"入场券"。网络可以通过快速收集和分发目标信息并快速发布指令来加快作战系统各个层面的交战周期和作战节奏。从技术层面上说，通过网络令己方所有战争参与者融入统一的信息通信空间,加速 OODA 环中的"观察 – 判断"阶段来提高作战节奏,不仅能减少准备和决策的反应时间,还会提高部队在现代和未来战争中的作战能力。

2)概念内涵

1997 年 4 月,美国海军作战部长 J. 约翰逊上将首次提出"网络中心战"概念。

1999 年 6 月,美国国防部在《网络中心战:发展和利用信息优势》一书中对"网络中心战"定义为:"网络中心战是人员和编组在以网络为中心的新的思维方式基础上的一种作战行动。它关注的是对作战各要素进行有效通联和网络化所生成的战斗力"。

2001 年 7 月,美国国防部在提交国会的《网络中心战》报告中指出:"网络中心战是通过部队网络化和发展新型信息优势而实现的军事行动。它是同时发生在物理域、信息域和认知域内及三者之间的战争"。2005 年 1 月,美国国防部部队转型办公室发布的《实施网络中心战》文件将其描述为"网络中心战是信息时代正在兴起的战争理论。它也是一种观念,在最高层次上构成了军队对信息时代的反应。网络中心战从广义上描述综合运用一致完全或部分网络化的部队所能利用的战略、战术、技术、程序和编制,去创造决定性作战优势"。

2007 年美国国会研究服务处(CRS)的一份报告将网络中心战定义为"依赖于计算机设备和网络通信技术为美军提供作战空间态势感知共享的作战行动"。

综上所述,网络中心战是指通过强大的网络通信能力将传感器网络、发射器网络和指挥控制网络连接成信息栅格,图 2 – 1 显示了网络中心战数字战场采集与分析的节点要素组成架构。将分散配置的作战要素集成为网络化的作战指挥体系、

图 2 – 1 网络中心战数字战场采集与分析组成

作战力量体系和作战保障体系,实现各作战要素间战场态势感知共享,最大限度地把信息优势转化为决策优势和行动优势,充分发挥整体作战效能。

3)核心思想

"网络中心战"的实质是利用计算机信息网络对处于各地的部队或士兵实施一体化指挥控制,其核心是利用网络让所有作战力量实现信息共享,实时掌握战场态势,缩短决策时间,提高打击精度与速度。在网络中心战中,各级指挥官甚至普通士兵都可以利用网络交换大量图文信息,并及时、迅速地交换意见,制定作战计划,解决各种问题,从而对敌人实施快速、精准及连续的打击。其核心思想可以概括为四点:一是强调作战的中心将由传统的平台转向网络;二是突出"信息就是战斗力"、"信息是战斗力的倍增器";三是明确作战单元的网络化可产出高效的协同,及自主协同;四是增强作战的灵活性和适应性,为指挥人员提供更多的指挥作战方式。

网络中心化的部队是指已经配备了"以网络为中心"的武器,并运用"以网络为中心"的战术。这种模式将信息通信技术固有的优势转化为战场上的信息制权优势,利用信息网络把地理上分散的武装力量整合为统一的作战体系。该网络中心化的实现,需要新技术以及更高水平的指挥和人员管理,对组织控制提出了新的要求。"以网络为中心"的战争概念不仅是部署数字网络,以确保所有参战力量的纵向和横向一体化,同时也是对作战编队分散的作战方法的发展、情报侦察行动的优化、支援打击程序的简化以及控制指挥手段的创新。应当指出,目前初步形成和制定的"以网络为中心"的理论模型,是基于武器、控制系统、数理逻辑、信息化理论、大系统理论和博弈论的新发展水平。

4)作战实践

网络中心战理论和网络中心部队的管理原则正在并继续指导美国武装部队未来作战概念的发展和转型能力的发展。21世纪初,美国在完善网络中心战理论、发展网络中心战能力以及在整个美国武装部队普遍实施网络中心战方面取得了长足进步。美国及其联盟伙伴在"持久自由行动"和"伊拉克自由行动"中的表现证明了网络中心战理论的有效性和网络化联合部队的巨大潜力。

2001年美国对阿富汗战争是对"网络中心战"作战概念的一个经典成功应用案例。Jeffrey L. Groh描述了在"持久自由行动"期间,地面特种部队如何能够使用通信卫星提供的数据和语音链接来协调他们的工作。地面部队不仅能够相互通信,还能够通过激光指定目标与F-14、F-15E、B-1和B-2飞机通信,空中支援稍后将用联合直接打击弹药(JDAM)摧毁这些目标。装备联合直接打击弹药的"智能弹药"由惯性制导系统和全球定位系统(GPS)引导至目标。

另一个典型作战应用是美国空军 Link 16,也被称为 TADIL-J(战术数字信息链路J,如图2-2所示),是通信、导航和识别系统,支持战术指挥、控制、通信、计算机和情报(C^4I)系统之间的信息交换。该系统使用抗干扰的加密消息和传输,为用户提供一整套可能的应用程序,包括监视、电子战、任务管理/武器协调、空中控制、积极友好识别和网络管理。兰德公司的国防研究所研究发现使用 Link 16 可以显著提高单个战斗机飞行员获得信息的质量,飞行员能够在战术空对空交战中更好、更早地做出决策,极大提升部队的效能。在2011年利比亚上空的"ELLAMY"伊拉米行动中,Link 16 与欧洲"台风"战斗机的远程雷达相结合,为飞行员提供了对作战区域极强的态势感知。

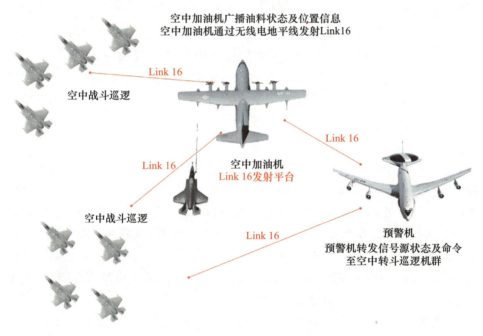

图2-2 战术数字信息链路

2.1.3 决策中心战(DCW)

1)提出背景

随着全球技术的扩散,美军自冷战以来拥有的隐身飞机、精确制导武器、远程通信网络等军事能力,已被中俄等国所掌握并形成了自己的作战思想。

此外，中俄等国已发展了先进传感器、无人机、低噪声潜艇等武器系统，并在推进新的作战样式和能力，可更有效地遂行防空反导、反潜、对海/对陆打击等任务[①]。美国认为，在与中俄的长期竞争中，美军在技术和作战方面都处于落后境地，仅通过战术调整无法保持长期优势。

2）概念内涵

2019年12月31日，美国智库战略与预算评估中心（CSBA）发布题为《夺回海上优势：为实施"决策中心战"（Decision-Centric Warfare，DCW）推进美国水面舰艇部队转型》研究报告正式提出"决策中心战"概念：通过大规模部署有人/无人分布式作战系统，以人工智能和自主系统为关键技术支撑，为己方指挥官提供更多可选择的"作战方案"，同时向敌方施加高复杂度的认知障碍，使其难以做出决策以应对这种复杂战场态势，通过不断叠加决策优势，为夺取战场主动权提供有利条件。

"决策中心战"概念着眼大国对抗的作战需求，推动美军从"以信息为中心"向"以决策为中心"转变，从"掌控信息优势"向"掌控决策优势"转变。如果说"网络中心战"概念开启了美军向信息化军队转型之路，"决策中心战"概念则标志着美军信息化建设进入了更高阶段，也将成为美军智能化转型的重要牵引。

3）核心思想

"决策中心战"的关键支撑是智能化辅助决策。"决策中心战"的典型场景是平台、武器和人员获取的信息，通过大带宽、高时效、低延迟的广域信息网络，经过"作战云"处理后，共建和共享通用战场态势图，以此为基础，进行智能化辅助决策，同时，实施反情报侦察监视和反目标指示作战，或者通过剥夺敌方的信息优势进而剥夺其决策优势，或者造成敌方决策错误、失效或瘫痪，进而达成作战目的。信息化作战的要素多、协同复杂，只有智能化辅助决策才能满足"决策中心战"的自主、准确、快速决策的要求。

"决策中心战"的指控方式为以情境为中心的指挥、控制与通信（C3）。基于可用通信网络构建指挥控制架构，迅速分析战场态势，制定行动计划并组织实施。在这种指控方式中，初级指挥官即使与高级指挥官失去通信也能也可自主、高效、可靠的完成任务。这种指挥方式是"决策优势"的集中和最高体现。

---

① 美国战略与预算评估中心（CSBA）在2019年12月发布《重夺制海权：美国海军水面舰队向决策中心战转型》。

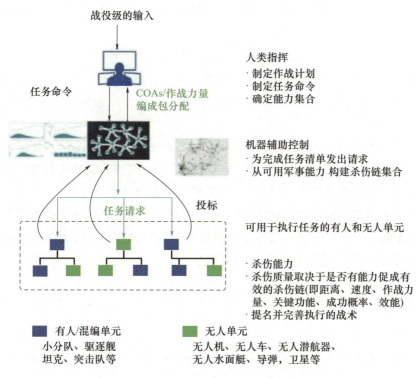

图 2-3　以情境为中心的指控流程示意图

"决策中心战"的制胜机理是使敌方陷入所谓的"决策困境"。决策中心战聚焦于破击对手 OODA 环（观察-判断-决策-行动）中的"判断"阶段，使得对手即便掌握己方的态势信息，也难以判别作战意图，进而难以确定打击重心和防御方向①。其目的是使己方更快、更有效地做出决策，同时降低对手决策的质量和速度。

"决策中心战"的作战样式是"指挥控制战"。如图 2-3 所示，水面舰艇部队应提高自身的决策能力，同时降低敌方的决策能力。决策的基础是指挥控制。因此，应加速己方、同时降低敌方的指挥控制链的运行速度。

"决策中心战"的战略目标是实现"不战而胜"。决策属于认识行为。"决策中心战"直接作用于敌方认知，意图通过使敌方无法正确决策，进而认识到取胜无望，从而达成慑止冲突乃至战争获胜的目的。

---

① 美国战略与预算评估中心（CSBA）2020 年 2 月发布的《马赛克战：利用人工智能和自主系统实施决策中心战》。

4）主要策略

美军实施"决策中心战"的策略主要包括三个方面：技术创新、组织变革和战略调整。

一是技术创新。美军正在研发一系列高新技术，包括人工智能、无人系统、自主系统等，以提升决策效率和作战效能。这些技术的应用不仅可以提高作战指挥的效率，还可以提供更多的作战选择，从而给敌方施加高复杂度，使其难以做出有效决策。

二是组织变革。为了适应决策中心战的需求，美军正在进行一系列组织变革。这些变革主要包括调整指挥结构、优化作战流程、改革训练机制等。这些变革旨在提高美军的决策能力，以应对复杂多变的战场环境。

三战略调整。通过战略调整适应决策中心战的需求。这些调整主要包括调整作战策略、优化资源配置、改进情报收集等。这些调整旨在提高美军的战略决策能力，以应对复杂多变的大国对抗环境。

2.1.4　分布式杀伤（DL）

1）提出背景

"分布式杀伤"（Distributed Lethality，DL）概念是美军在"亚太再平衡"战略背景下，为应对假想敌的"反介入/区域拒止"威胁，针对自身反舰能力不足而做出的重大部署。在他国领域远洋作战已成为美军的常规作战模式，该模式中，美军极度依靠战场制空权、制天权、制电权以及制海权获取并维持作战优势。这同样给美国的对手带来启示，在与美军作战过程中，必须第一时间瓦解其兵力部署，即需要具备强大的"反介入/区域拒止"能力。美国"亚太再平衡"战略将关注重点再度聚焦于亚洲地区，不得不面对日益提升的"反介入/区域拒止"能力。利用各类弹道导弹、巡航导弹和潜艇部队在西太平洋海域构建了难以逾越的阻拦网，又使得航母编队的"安全区域"逐日减少。过去几十年间，美国占据着全球海上优势，但来自其他国家的有力挑战，美军面临的现实困境，迫使美军思考新的对策。

2）概念内涵

"分布式杀伤"概念最早出现于2014年。美国海军通过分析海军战争学院兵棋推演结果，提出了"分布式杀伤"的最初概念，即含非战斗舰船在内的所有舰船加装中远程打击武器，从而达到任何舰船都能对敌产生威胁的目的。

2015年1月，美国海军水面部队司令罗登发文，如图2-4所示，探讨了海军水面部队如何应用"分布式杀伤"战术。同年5月，美国成立"分布式杀伤"工作组，重点讨论研究了基于"分布式杀伤"的未来作战方式，以及现有武器条件下的打击能力。

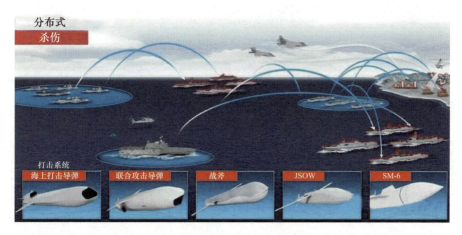

图2-4　分布式杀伤概念示意图

2016年1月18日，美国海军针对"分布式杀伤"概念进行测试，首次实施了SM-6导弹实际演练。8月4日，环太平洋军演中，作为对"分布式杀伤"概念的重要测试，美国海军"科罗拉多"号濒海战斗舰首次发射一枚超视距"鱼叉"反舰导弹，验证了濒海战斗舰装备反舰导弹的可能性。

2017年1月，美国海军在《水面部队战略》报告中，正式明确"分布式杀伤"的概念内涵，并将其上升为"重回制海权"的核心作战理论。此概念旨在通过构建舰艇小型编队，实现海上力量由航母战斗群式的大集群作战部署，转变为水面行动群式的分布式作战部署，并使更多舰船具备中远程火力打击能力，达到"凡漂流者皆可战斗"的目的，进而在提升舰船生存力和打击力的同时，降低对手探测打击的准确性和有效性。

3）核心思想

"分布式杀伤"的基本思路是利用分布式计算和通信技术，实现飞机、无人机、导弹等多种武器平台协同作战，发挥更高效的攻击能力。通过卫星或无线网络实现平台间通信，共享侦察情报和目标数据。在攻击过程中，可实现多武器平台对同一目标实施协同打击，或匹配多个目标实施分散攻击。

"分布式杀伤"核心思想即通过为全种类的舰船加装进攻武器，达成"凡漂流者皆可战斗"的目的，通过将舰船分散部署、灵活编组，达成拓展战场空间、形成分布火力的目的,从而增大敌方侦测和打击的成本和不确定性。

其战略意义在于抵消对手的"反介入/区域拒止"能力。为所有舰船增加进攻性武器,昭示着任何类型的美军水面舰船在危急情况下都可实现有效防御甚至发动进攻,这将极大影响对手决策。同时,分布式部署的军舰可分化对手打击重点,扰乱打击优先级决策,同时也向对手施放威慑信号。

4)主要策略

"分布式杀伤"概念主要有三项策略。

一是提升单舰的进攻性杀伤能力。即要足以对强敌产生威慑力,足以对强敌实施作战,足以为后续开展联合作战获取战场优势。

二是在广域地理范围内分散部署进攻能力。分散部署舰队的作战火力,形成多个攻击源对敌方多目标实施打击的局面,敌方将面临决策和资源分配的困境。

三是为水面平台分配合理的资源,以维持其作战能力。首先,对战舰的防御能力进行升级,足以承受来自空中、水面、水下、网络的攻击;其次,通过组网和战术形成战舰之间的协同防御能力;最后,足以承受战损,并在指控能力降级的情景之下持续作战。

2.1.5 多域战(MDO)

1)提出背景

20世纪末期,苏联的解体意味着美国陆军的最大假想敌已不复存在,尽管在21世纪初美国陆军开始进行"反恐战争",但是由于对手的军事力量始终难以望及美军项背,所以美国陆军的建设一直较为缓慢。在奥巴马任期中,"重返亚太"战略将美国的竞争对手重新确定为中俄等大国,令美国陆军的假想敌与作战环境产生了翻天覆地的变化。在美国主要竞争对手的"反介入/区域拒止"能力突飞猛进的同时,美国陆军的战场投送能力被大幅削弱,美国海、空军的传统作战体系被严重限制,美国的军事优势面临严峻挑战。

在这样的背景下,美国于2014年推出了聚焦于如何破解对手"反介入/区域拒止"能力,以重塑自身在大国军事竞争中的绝对优势地位为目标的"第三次抵消战略"。在此之前,由于美国与盟友部署在亚太地区的海、空军兵力具有主导优势,陆军在美国国防部的政策制订中一直处于相对弱势的地位。2016年美国陆军获得的国防预算占比从2008年的37.26%下降到23.34%,装备采购费用下降了59%。在此情形下,美国陆军迫切需要一种以"创新驱动"为核心的作战概念,以逆转自身对外、对内的竞争劣势。多域战概念在《多域战:21世纪合成兵种的演变 2025—2040》《美国陆军多域战 2028》《多域战:美国陆军旅以上梯队》中加以补充完善。美国陆军对该作战概念抱有极大希望,并加紧落实基于该作战概念的战斗力生成。

2) 概念内涵

"多域战"(Multi-Domain Operation,MDO)由美国陆军提出,其概念定义为"综合运用各作战域的能力,创造和利用相对优势,以在竞争、危机、武装冲突或战争中战胜对手,实现并维持作战优势"。其目标是为对手制造复杂的、同时发生的困境。"多域战"概念的提出使美国陆军实现了与其他军种的高度融合,如图 2-5 所示,各军兵种可以在不同作战域共享信息和资源,推动了指挥体制向高效扁平延伸,建立起了更加科学高效、机动灵活的作战指挥体制。

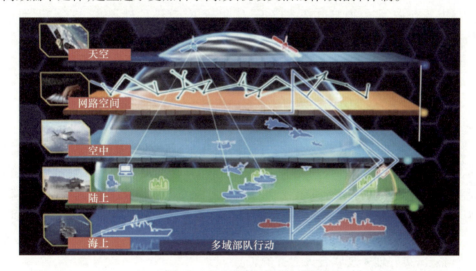

图 2-5 多域战的指挥架构

美国陆军自 2018 年以来进行了大量演练以推动陆军"多域战"概念的发展。在 2018 年环太平洋军演中,美国陆军初步检验了"多域战"概念的成效,完成了"多域战"概念验证第一阶段的任务。"捍卫者-2020"军演等演习中也测试和验证了"多域战"概念。

3) 核心思想

一是强调主导多域融合。在"多域战"体系中,美国陆军不再仅仅作为地面作战部队,也摆脱了以往需要海、空军提供情报支持的"庸附"战法,反而能主导陆地、海洋、空中、太空和网络空间的多军兵种联合。美国陆军有望依靠多域效应营与全域作战中心的建成,融合多域情报效应能力与指挥信息系统,"使对手在短时间内面临同时出现的多个困境",进而塑造主动优势。

二是强调塑造竞争优势。目前,美国与其主要竞争对手的竞争烈度日渐提升,军事竞争具有显著的"灰色地带"特点。"多域战"在竞争阶段强调"综合威慑",即利用自身多域效应能力,在与竞争对手的认知战、网络战、情报战领域取得优势,并维持自身物理域与非物理域的威慑能力,从而塑造竞争优势,继而可以有效地帮助美国管控危机、赢得冲突。

三是强调部署内线作战。"海马斯"火箭炮连的作战定位可位于竞争对手的内线,即对手防卫圈内的友方盟友国家,这得益于美新型"精确打击导弹"(PrSM)的强大"内线威慑"能力。与现有的美国陆军战术导弹系统(ATACMS)的相比,新型"精确打击导弹"缩小了弹体体积,增强了制导能力,拓展了打击范围,采用了模块化开发系统架构,预设了无人化改进空间。虽然战斗部缩减为原有规模的十分之一,但是其成本降低、体积减小、可维护性提高,反映了"海马斯"火箭炮连未来的"低成本大规模"作战理念发展趋势,达到"创造毁伤冗余"、"超饱和打击"的目的。

4)部队改革

多域任务部队(MDTF)是美国陆军多域战概念实验和发展的重要内容,同时也是美国陆军"多域战"概念中"内线部队"的主要组成部分,具有举足轻重的作用。

多域任务部队试点实验始于 2017 年,时任美国陆军参谋长的马克·米利将军宣称组建一支实验部队,该部队集成包括陆、海、空、天、网络等多域战能力,作战范围扩展到军事行动所有领域,可支持其他各军种军事行动。这支部队被称为"游戏规则的改变者",随后美国陆军启动了多域任务部队试点计划项目,目标为整合联合作战、多国情报以及作战目标,通过对陆上、空中和海上投射火力进行整合,更好地实现联合火力打击。

截至 2023 年,美国陆军已组建三支多域任务部队。第一支多域任务部队于 2017 年 7 月以第 1 军第 17 野战炮兵旅为核心组建,部署于印太地区;2018 年该试验部队参加环太平洋军事演习,并在其中首次承担跨域性任务,通过指挥多域力量实现了联合反舰,取得了较为良好的作战效果。第二支多域任务部队以第 7 集团军第 41 野战炮兵旅为核心,组建于 2021 年 9 月,部署于欧洲地区,主要针对俄罗斯。第三支多域任务部队于 2022 年 9 月位印太地区组建,美军未公布所依托部队。

多域任务部队为旅级单位,下辖一个多域效应营(I^2CEWS)、一个战略火力营、一个防空反导营和一个旅支援营。其中,多域效应营,即"情报、信息、网络、电子战和空间营",是多域特遣队的核心,负责获取并整合美军各种情报、侦察和监视平台资源,具备电子、网络能力,更加强调"效应",积极介入大国竞争的

"灰色地带"。多域效应营面向各个域的作战单元呈现模块化特性,既可单独执行认知战、网络战任务,也可在多域特遣队中发挥重要的信息通信保障功能,更可以在全域联合作战体系中为海、空军提供情报侦察信息支撑。战略火力营,下辖"海马斯"高机动火箭炮连、中程火力连和远程超音速火力连,负责远程精确火力打击。防空反导营,负责防空与导弹防御。旅支援营,负责提供管理和技术支援。

该组织结构在实战编组中是灵活可变的,如图2-6所示,各个功能单元具有模块化、构件化特点,可以快速整合、高效融合、增益聚合。这样"自下而上"的组织结构正是其对多域战的"融合"特点的生动诠释,也是将各个战争领域的作战能力转化为军事优势的有效举措。

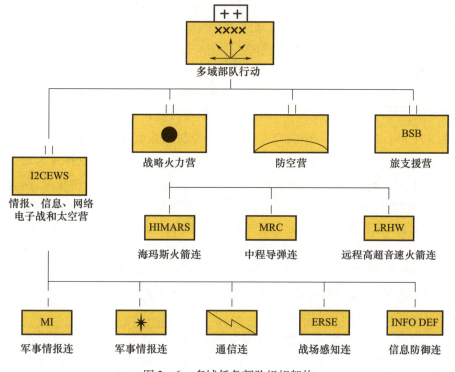

图2-6 多域任务部队组织架构

2.1.6 马赛克战(MW)

1)提出背景

2015年前后,美军提出以自主系统、人机协同以及作战辅助系统等为依托的"第三次抵消"战略。随着中俄等对手综合国力的提升,美军正在逐步失去在

"第二次抵消"战略中确立的技术优势,隐身能力、精确导航、网络化传感器等军事技术已经扩散到对手。美军为了续保持优势,特别是有代差的绝对优势,必须重新设计军力和作战方式,改变传统以消耗为主的作战理念,依靠对抗环境下的决策优势提升己方的作战能力。以决策为中心的作战概念可以利用新兴的技术,如人工智能(AI)和自主系统(AS),创造一种新的作战样式,就如同当年将隐身飞机和精确制导技术与远程打击作战样式相结合一样。通过将新技术与新的作战样式相结合,新技术的效用才能得以充分发挥。

美军认为自己在地缘战略方面存在劣势,中俄两国可以在自己的国土上建立传感器和精确打击网络,威胁到数百英里(1 英里约为 1.6 千米)外的美军及其盟军,成功实施反"介入/区域拒止"战略。美军 30 年来组建的由多任务单元和平台相结合的大型编成部队,在中俄的反介入/区域拒止战略下极易被探测和遭受攻击,灵活性大大受限。

2) 概念内涵

"马赛克"原义是指建筑上用于拼成各种装饰图案用的片状小瓷砖,又称锦砖或纸皮砖;而后计算机领域将其引申为一种图像或视频模糊化处理的手段。"马赛克战"(Mosaic Warfares, MW)则借鉴了马赛克拼图的思路,从功能角度将各类传感器、指控系统、武器平台、兵力编队等各种作战要素视为"马赛克碎片",通过动态弹性通信网络将"碎片"链接形成一张物理和功能高度分散、灵活机动、动态协同组合的弹性作战效果网,利用人工指挥和机器控制,快速、灵活、自主地重组一支更加解耦合型的军事力量来创造己方的适应性,提升敌方的决策复杂度或不确定性。

2017 年 8 月美国国防高级研究计划局的战略技术办公室提出了"马赛克战"作战概念,其核心理念是以决策为中心,将各种作战功能要素打散,利用先进的网络将其构建成一张高度分散、灵活机动、动态组合、自主协同的"杀伤网",进而取得体系对抗的优势。

2019 年 3 月,DARPA 开始大规模布局"马赛克"战使能技术项目研发,9 月发布《恢复美国的军事竞争力:马赛克战》,概述了"马赛克战"的内涵、组成和原则等。2019 年 12 月,DARPA 等机构运用兵棋推演方法对"马赛克战"进行了评估,其有效性得到初步验证。2020 年 2 月 11 日,美战略与预算评估中心(CSBA)发布《马赛克战:利用人工智能和自主系统实施决策中心战》,提出以"马赛克战"为抓手,实施决策中心战构想。在 2020 财年预算中,DARPA 安排与"马赛克战"相关的项目就有 50 多项,占 DARPA 项目总数的 23%。

3) 核心思想

如图 2-7 所示,马赛克战争的核心思想是,在人工智能机器的控制下,由人类指挥的分散的有人和自主单位可以利用其适应性和明显的复杂性来延迟或阻止对手实现目标,同时扰乱敌人的重心以防止进一步的侵略。利用人工智能技术和自主系统提升指挥机构决策的快速性和有效性,加快作战体系构建速度和作战节奏。根据实际战场态势,进行多源战场态势融合,统筹作战资源,实时进行动态分配,形成最优化的杀伤网,提高使对手陷入多重困境的能力。将人类指挥和人工智能以及自主系统相结合,优势互补,充分利用人的灵活性、洞察力和创造思维,同时发挥机器的速度和规模优势。其主要特点体现在四个方面。

图 2-7　马赛克战示意图

(1)强自适应。"马赛克战"可根据军事行动类型和任务需求,可在战时近实时地重新排列组合数量众多、分散部署的作战要素,构建形成不同配置和不同表现形式的作战体系,为指挥官提供更有创造性、出奇的方式和手段,打乱对手的行动计划,实现其战略目标。体系中的某个作战要素或要素组合被摧毁时,体系仍能自动快速反应,形成虽功能降级但仍能互相链接,适应战场情景和需求的作战体系。同时,作战体系在完成任务后还可以解体,释放出作战要素,为下一次重构作战体系做好准备。一次作战活动中根据任务的调整变化,可能有多次作战体系"解体、重构"过程。

(2)兵力生成速度加快、成本降低。传统高性能武器装备是赢得现代战争的关键,但是规模有限。无论一架战机有多大能力,都不可能同时出现在两个或更多地点,而且战时核心装备一旦损失,就会面临全体系崩溃的可能。除高性能武器装备外,"马赛克战"也寻求采购大量结构简单、功能单一、可模块化组合的作战要素,一是可以有效降低研制风险,缩短研制周期,提高采办效率,加快兵力生成速度;二是可以减少系统集成和测试需求,以及可能的体积、重量、功率、成本和冷却能力需求，降低装备采购和兵力生成成本。

（3）形成杀伤网实现跨域感知与打击。当前，美军在空中、地面、水面及水下等作战域拥有众多杀伤链。这些杀伤链通常是线性的，并只在单个作战域发挥作用。如图2-8所示，杀伤链条中任何一个环节出现故障、错误，都将导致链条的断裂，整个链条功能失效。"马赛克战"将这些杀伤链交叉重构，形成覆盖陆海空天网各作战域的杀伤网，使任意武器平台可获取任意传感器信息，实现跨域感知和跨域打击。如图2-9所示，杀伤网的节点高度分散，具有良好的韧性和较多的冗余节点，没有缺之不可的关键节点，对手很难对杀伤网进行致命性破坏。即使杀伤网中的部分节点被破坏，也不影响杀伤网发挥整体作战效能。

部件，接口的精心设计只能以一种方式组装。创建一个保留旧漏洞的分布式单块，引入新的集。

部件，为互操作性而设计的接口可以以多种方式组装。创建一个适应性强、有弹性的分布式系统，保留、改进传统功能，减少漏洞。

图2-8　自适应组合的马赛克拼图

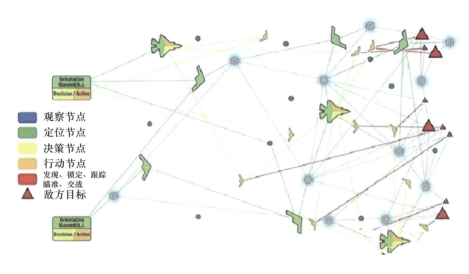

图2-9　"马赛克战"概念的"杀伤网"

(4)采用分布式指挥控制加快作战循环速度。"马赛克战"强调指挥体系向战术端放权,只考虑节点能力来编配作战杀伤网,弱化核心指挥节点和跨域指挥节点的作用,推动实现战术端跨军兵种联合作战体系。在保持网络连通性的前提下,只要能够形成闭合的"观察、判断、决策、行动"循环,就可以作为有效的杀伤链路。杀伤链路的构成只取决于作战任务的不同以及敌方作战能力的强弱,节点编配可以根据任务内容动态增减或者替换。"马赛克战"可以使美军摆脱对中心节点的依赖,增加判断和决策节点数量并尽量前移,加快"观察、判断、决策、行动"循环速度。

4)兵力设计

"马赛克战"不仅是作战概念,还是一种主要针对大国对手"反介入/区域拒止"体系的兵力设计概念。"马赛克战"为体系化战争设计了一个全面的兵力设计模型,描述了马赛克式兵力的基本原则和组成,包括组织、条令、作战概念、武器系统、战术、技术、程序和特定战略下的兵力展现形式等。

美国陆军采用了马赛克部队设计的许多元素,如图 2-10 所示。为了增加可选性,马赛克部队的设计将用规模更小、成本更低、通用性更低的单位和系统取代美国陆军的一部分单一、独立的平台和单位。虽然这些较小的部队可能不像今天的部队那样持久、自我保护或有能力,但他们可以由多任务平台部署或护送到战区,并在战斗中被视为消耗品或战斗耗材。图 2-10 显示了如何在美国海军部队结构中实施马赛克设计方法,以在不增加采购或维持成本的情况下增加舰艇总数。海军和其他美国军种已经在朝着更加分散的部队结构发展,这与马赛克部队的设计相一致。

马赛克部队中更多种类和数量的单位将为指挥官提供更多的潜在组合,使他们能够更快地确定可接受的作战行动,并更容易地选择成功率更高的行动。马赛克部队的分解也将使指挥官能够更精确地校准部队组合,这使得部队能够比今天的美国陆军更多地同时执行任务。

从对手的角度来看,与传统部队相比,马赛克部队具有更高的决策节奏、规模和效力,这将为对手排除更多的行动方案,并进一步增强马赛克部队的选择性优势。将美军重新平衡为更多的小型平台和编队可以创造作战优势。一个更加分散的马赛克部队将能够更好地进行佯攻、探测和其他高风险、高回报的行动,这些行动不值得失去一个单一的多任务平台或编队。分解也将允许更多的力量组合选项,以便能够按比例对抗灰色地带或次常规攻击。相比之下,今天美国的灰色区域反应要么使用少量昂贵的平台,这些平台在对手的领土附近被击溃的风险很高,要么使用更大的编队,这些编队可以保护自己,但可能与形势不相称。

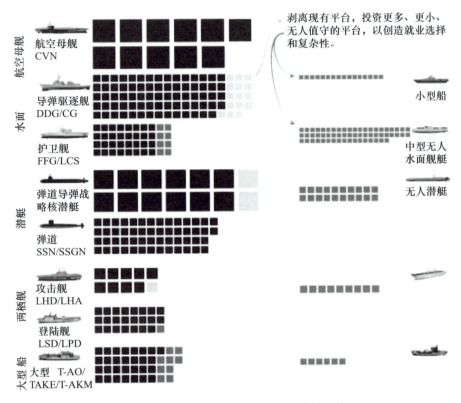

图 2-10　美国海军马赛克战争兵力设计示意图

在长期的竞争中,马赛克部队中规模较小、功能较少的单位可以比单一的多任务单位更容易地整合新的任务系统和技术。因此,马赛克部队可以比今天的军队更快地适应新传感器、无线电、武器或电子战系统的发展,而不是等待昂贵和耗时的集成。

2.1.7　分布式海上作战（DMO）

1）提出背景

伴随着 20 世纪美苏冷战结束,区域性战争冲突趋向频发,潜在对手装备技术发展也愈加迅猛,美国海军开始认识到,传统以航母打击群为核心的集群作战模式已难以满足未来海军作战需求。如何在新形势下有效适应新的作战区域,应对新的战略战术,对抗新的武器装备带来的各种挑战,成为摆在海军面前的重要现实课题。在分析潜在对手实力和当前技术发展水平后,美国海军认为:从安全形势发展来看,区域性冲突的抬头将导致区域国家面临日益严峻的安全环境挑战,需要海军进行更灵活多样的应对。但是,单独国家海军力量独立行动已经无法应对这些挑战。同时,对手利用主动进攻和分散打法破坏集群也给传统集群作战模式带来新的风险。从技术支撑角度来看,信息化水平和网络技术的蓬勃发展可为海上分布协同奠定技术基础。特别是舰载武器和战斗系统趋向网络化,卫星通信等空天资源也得到了广泛运用,这为海军进行舰艇间和跨国界的规模化联合行动提供了条件保障。

基于上述背景,海军在早期推出的水面作战领域"分布式杀伤"作战概念的基础上,经过深化研究、修改迭代、后期试验、征求意见等多个环节,最终于2018年12月在时任美国海军作战部长理查德森签发的《维持海洋优势的设计2.0》战略文件中正式使用"分布式海上作战"概念。"分布式海上作战"是当前美国海军的顶层作战概念,是针对潜在对手(俄罗斯)专门设计开发的高端作战概念。随后,海军开始细化、实施这一作战概念,并向其盟友兜售推广,以强化协作关系。当前在美国海军的各种作战概念中,分布式海上作战概念处于明显的主导地位。

2) 概念内涵

"分布式海上作战"(Distributed Maritime Operation,DMO)概念源自于2014年美国海军提出的"分布式杀伤"作战概念。2017年,美国海军发布的战略文件《水面部队战略——重回制海》明确了"分布式杀伤"概念,此时的"分布式杀伤"强调水面作战领域,之后形成分布式海上作战概念则覆盖了多个作战域。2020年,海上三军战略《海上优势:以一体化全域海上军事力量制胜》明确阐述了以中国为主要对手构建"一体化全域海上军事力量"的目标和建设思路。为此提出了三大作战概念:"分布式海上作战(DMO)"、"对抗环境中的濒海作战(LOCE)"和"远征前进基地作战(EABO)"。其中,"分布式海上作战"关注的是作战层面,而非战术行动层面,同时还关注整个作战区域的海军力量整合,以提供目标获取和进行火力协调。

2017年美军海战发展司令部(NWDC)给出了"分布式海上作战"的定义:"将作战力量分散部署于广阔的空间范围、多个作战域和各种搭载平台上,以获取和维持海洋控制必需的作战能力"。此概念的提出标志着"以平台为中心"的概念向以"网络为中心"的作战概念的转变。在网络中心战中,武器射程的增加和网络能力的发展使得分布部署的兵力可在远距离进行火力协同,这种作战方式既实现了聚合火力的效果,又规避了集中部署带来的风险。前美国海军部长在《保持海上优势的设计》(2019年)中指出:"当美国海军提供了分布式和网络化装备的大规模火力和效果的能力输出时,美国海军将充分认识到分布式海上作战固有的灵活性。"

3）核心思想

"分布式海上作战"不同于以往的作战概念的特征主要体现在3个方面：一是鼓励进攻。根据美军文件，海军条令鼓励小的作战单元和行动小组在有能力的条件下实施对敌打击，同时最大限度地减少敌人进攻带来的损害。二是实施集体防御。强调信息共享与传输优于集中式作战指挥，利用信息技术优势构建网络空间，利用网络连接不同类型舰艇分工协作，实现以分散的海军战斗力群体进行联合打击，实施体系化防御。三是伪装欺骗战术。概念认为欺骗和迷惑敌人是与进攻同样重要的战术，前线指挥官可在开放型战场空间，实施更灵活的隐藏、欺骗等作战方法，使对手面临极大的不确定性和决策复杂性。

4）作战实践

美国海军围绕提升联合打击效能开展DMO概念的实践运用，主要方式有：①信息共享，通过网络将不同海军之间的战情信息、任务信息、目标信息等实时共享，实现一体认知和协同作战；②资源集成，不同海军之间共享各自的火力支援（如舰载机）、海上监视（如侦察卫星）等资源，形成互补优势；③分工打击，根据各自舰艇的作战能力，合理划分打击目标和任务范围，避免重复打击，提高效率，如轻型舰艇打击近海目标，重型舰艇打击远程目标；④动态调配，根据战场形势的变化快速调整各舰艇的打击力量，实施灵活的联合打击方式；⑤多重侦察，通过不同类型与位置的侦察平台，形成立体全天候监视网，为打击提供精确信息支援；⑥联合封锁，不同国家舰艇协同巡逻封锁海域，形成紧密的防护网络，提高封锁效率。

在马六甲海峡巡航行动中，首次采用DMO概念组织舰艇分布式部署；2020年2-3月开展的代号为"马龙20"演习行动中，首次验证"分布式海上作战"概念下各军种联合打击能力；在环太平洋海上联合系列军演中，海军联合多国进行"分布式海上作战"概念实验运用；2022年1月，在克里米亚海域巡逻行动中，美、英、芬等国采用"分布式海上作战"概念联合在黑海执行防区外活动巡逻。其影响如下：①提升了信息共享能力，海军内部及盟国海军初步实现了快速交换目标信息、战术意图、战斗状态，支持共同决策和协同行动。②加强了资源互补，如在行动中美舰载机为其他国家舰艇提供重要地面目标等资料，达成目标分类打击。③提高了打击效率，通过高速畅通网络下达打击任务，避免重复打击，并无须依赖单一航母舰队，从而提高灵活应变能力。④增强了打击范围，联盟内不同国家的舰艇分布部署，扩大了区域内海空立体监测和打击覆盖面积。⑤最大化地使用了资源，通过与他国的互补协同，发挥了各自武器系统的长处与优势。⑥测试了新型联合作战模式，为日后面对潜在对手提供了借鉴，验证了分散协同的联合打击理论。⑦加深了盟友间的默契,协调和巩固了盟友在重大安全问题上的联合决心。

概念在实施运用过程中遇到了诸多困难挑战,具体如下。①信息技术层面的挑战,在各国舰载系统通信接口不完全兼容,信息共享难度大;②语言文化障碍,语言和文化差异增加联合指挥组织的难度;③操作习惯不同,各国海军的战术特征和战法不同,联合训练需要长时间磨合;④战斗力水平不均衡,参与国兵力存在质、数差异,影响资源配置协同效果;⑤法律制度限制,各国在他国海域行动有不同限制,影响作战响应速度;⑥预算限制,维持DMO网络系统和频繁联合训练需要大量经费投入支持;⑦政治意愿不确定,在实际高强度冲突中,各国政治意愿是否一致仍待考验;⑧对手应对能力,潜在对手明显加强了分散协同反制能力研究。

2.1.8 联合全域作战(JADC2)

1)提出背景

随着以中俄为代表的对等实力国家军事实力的崛起,大国战争博弈重心趋向于全维度、多领域交叉融合的"整体对抗",行动空间趋向于动态的"宽正面、大纵深",作战样式趋向于"持续快速瘫体失能打击",指挥跨度增加,作战指挥体系趋向于联合化、网络化、智能化、扁平化,集成连接各军种、各作战域的传感器、决策节点和武器系统,以便于支撑高强度、高速度、体系化的联合作战。

美国国防部认为,在未来冲突中,美军需在数小时、数分钟甚至数秒钟内做出决策,以应对瞬息万变的战场态势。据美军评估,由于美各军种战术网络难以互相兼容,从分析作战环境到发布命令的相关流程需要数日之久,现有指挥和控制架构不足以满足其"大国竞争"战略需求。在此背景下,美军持续寻求跨军种的敏捷协作能力,美国国防部提出了"联合全域指挥与控制"(Joint All – Domain Command and Control,JADC2)概念,推动美军指控体系的发展。

2)概念发展

美军JADC2经历了前期准备、概念形成、实践验证和迭代发展4个阶段,如图2-11所示。

美军作战概念设计、验证与运用模式

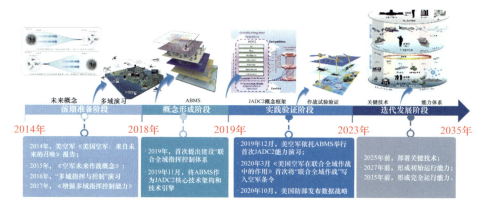

图 2-11　美军 JADC2 发展演进

（1）前期准备阶段。2014 年，美国空军发布《美国空军：来自未来的召唤》战略报告，提出构建全新战场指挥、控制和通信系统，增强多域快速联合作战效果的转型目标；2015 年，颁布《空军未来作战概念》，提出 2035 年前核心目标是实现"作战敏捷性"，其五项核心任务中的第一项就是"多域指挥与控制"。美国空军于 2016 年设立"多域指挥与控制"试验演习，主要围绕一体化任务指令、一体化计划与决策、先进战斗管理系统（Advanced Battle Management System，ABMS）等内容，检验新技术、新架构、新系统的运行效果。2017 年，颁布《增强多域指挥控制能力》指导性文件，进一步明确了加强态势感知能力、提高快速决策能力、实现部队跨域使用的建设方向。

（2）概念形成阶段。2019 年，美参谋长联席会议首次提出建设"联合全域指挥控制体系"，核心是使用"全新架构、相同技术"，通过人工智能、机器学习等技术手段，发展以数据为基础、以网络为中心的联合作战指挥控制系统，融合来自传感器及其他来源数据，并快速转换为可利用的情报，使决策者可快速进行观察、判断、决策，并采取正确的行动。此后，美国国防部、各军种不遗余力地推进联合全域指挥控制体系发展。2019 年 11 月，美参谋长联席会议授权将美国空军 ABMS"先进作战管理系统"作为"联合全域指挥控制"的核心技术架构和技术引擎，要求其他军种跟进并推动本军种作战概念与 JADC2 融合发展。

（3）实践验证阶段。2019 年 12 月，美国空军佛罗里达州埃格林空军基地，依托"先进战斗管理系统"举行首次 JADC2 能力演习，演示了全域态势感知的数据共享以及人工智能软件辅助指挥官决策能力。演习中，美国海军 2 架 F-35C 型机、空军 2 架 F-35A 型机与 1 艘驱逐舰、2 架 F-22 型机以及陆军"海马斯"火箭炮等战斗单元，实现了快速共享相关数据，融合形成完整作战空间图，有效验证了多域战联合指挥控制能力。与此同时,美国空军发布《联合全域作战中的空军部职责》,首次将 JADC2 写入条令,计划每 4 个月举行 1 次"联合全域指挥与控制"演习。2020 年 3 月,《美国空军在联合全域作战中的作用》首次将"联合全域作战"写入空军条令,强调发展全域指挥控制"技术引擎",支撑广域战场并行作战行动。2020 年 10 月,美国国防部发布数据战略,要求国防部数据部门为未来技术制定明确数据标准和互操作性要求,以实现联合全域作战。

(4)迭代发展阶段。2023 年 9 月,美军宣称正在将 JADC2 系统扩展为"CJADC2",第一个 C 代表"联盟",即美军与盟军并肩作战的能力,将美国与盟友、合作伙伴的数据共享及互操作性融入所有解决方案中,并作为"首要和中心"任务。当前,美军正在进行大规模的先期技术研发和作战演示验证,在联合全域指挥控制能力的支持下,美军未来作战形态将转变为"决策中心、智能主导、全域联动"的作战模式迭代发展。

3) 核心思想

"联合全域指挥控制"旨在实现跨陆、海、空、太空和网络作战域实现无缝协作,通过整合陆上、海上、空中、太空和网电空间的网络战、电子战、情报监视侦察等资源,助力决策人员成倍提高收集信息、做出决策的速度,提升前沿力量的"威慑性"、部署的"动态性"和行动的"突然性",做到即时发现、即时理解、即时决策、即时行动。JADC2 致力于提供一个"云状"环境,供联合部队共享情报、监视和侦察数据,通过多个通信网络实现更优决策。在 JADC2 整体理论和实践体系中,智能是关键组件,提供了大大超越人类和机械的机动、记忆、感知和计算等限制的能力,能够从更高维度、更深层次、更大空间去认知战场,辅助更快、更科学做出高质量决策。

从体系能力视角,JADC2 能够:①在数据处理上,提供泛在传感、联合部队单元和实时终端连接,支持涉密数据和开源数据实时上报;②在云上,基于可独立边缘云和云数据汇聚,支持所有指挥梯队介入访问,提供断网情况下边缘服务不中断;③在智能上,基于实时模式仿真、预测性数据分析、模式异常检测等提供行动路线分析、指挥决策辅助和作战预警服务;④在通用作战态势图(Common Operating Picture,COP)上,在全球信息集成的基础上实现直观视觉感知、分层任务分发和融合威胁感知。如图 2-12 所示。

4) 作战优势

JADC2 将以创新的体系架构,打造全域一体的联合作战能力,其主要特点是"全域感知、动态规划、跨域协同",相应作战优势主要体现在"智能主导、无人自

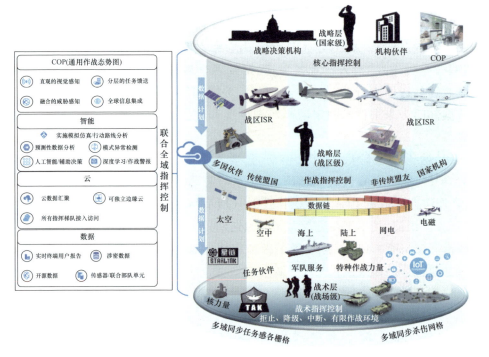

图 2-12　JADC2 体系能力框架示意图

主、云端互动、全域融合、体系对抗"等方面。基于联合全域指挥控制,美军未来可获得以下作战优势:

(1) 全域全维融合优势。联合全域指挥控制聚焦实现全域无缝"机器-机器"消息转换与通信,使各军种能够灵活调用非自身建制的传感能力,通过掌握陆、海、空、天、网等各域态势,形成及时、精确、统一的 COP,为后续作战行动提供信息优势。

(2) 深度态势认知优势。通过分布部署更广泛的情报收集平台,结合人工智能技术的深度赋能和天基互联网的信息交互,使决策者能够清晰洞察多域数据之间的相互关系,以及对联合部队行动的影响,极大改善 OODA 环中的感知和判断环节。

(3) 精细全局聚优规划。战场是一个复杂巨系统,事件布局分散、博弈场景多样、态势随机变化,谁都不可能在所有地方都形成绝对优势,必须确保随时能迅速调度和组织大量资源形成局部优势的能力,以抢占先机。

(4) 高效研判决策优势。美军利用人工智能、机器学习等前沿技术,借助持续的信息优势和信息共享,通过任务式指挥,解决在对抗环境中高级别指挥官无法持续对战术边缘提供反馈与指挥的困境,加深对不可预测和不确定战场环境的理解,加快决策和多域行动速度,同时保证人工智能决策的可靠、可控。

(5)敏捷聚合杀伤优势。美军各军种无人作战系统通过在共用"武器池"统一注册,实现身份认同和敌我识别;在对抗作战环境中,根据作战任务可在广域战场空间按需聚合;通过综合运用人工智能、自主性技术等进行人机协作、自主决策,实现智能控制。

2.1.9 远征前进基地作战(EABO)

1)提出背景

长期以来,美国海军陆战队一直担任海上远征军角色,其使命任务和角色定位是以空地特遣部队为编成方式,以濒海地区为战场环境,以远征机动作战为主要任务,具备快速反应能力的战略军种。随着中俄等大国军事力量的崛起,美国国防和军事战略要求海军陆战队的任务重点从反恐平叛转向应对大国竞争,尤其聚焦印太地区。战场环境从内陆向濒海的转变、作战对手从非国家行为体向实力相近竞争对手转变,要求海军陆战队对自身组织、训练和装备同步做出深刻转变。

虽然海军陆战队的远征任务仍然存在,但在现任指挥官大卫·伯杰将军的规划指南和《2030年部队设计》文件中概述的愿景中,兵团在一场势均力敌的战斗中的主要焦点将是分散作业,为海军开辟海上通道。"只有在必要时保持施加力量的能力,以产生选择并影响更大的战役,濒海兵力才能够发挥作用"。让海军陆战队分散开来将提供一支能够立即作战的强大力量,同时保持关键海上通道的开放是重中之重。海军陆战队将在未来任何冲突的沿海岛屿和环礁周围的远征前进基地开展行动。这意味着海军陆战队将不再派出一支专注于占领争议地区的部队,而是一支在支持海军战役的同时,能够在争议地区纵深处生存的部队。

2)概念内涵

2016年,美国海军陆战队发布了新版作战概念,将远征前进基地作战(Expeditionary Advanced Base Operations,EABO)确定为海军陆战队基本作战行动之一,以促进后续展开的海上行动。海军陆战队将作为执行远征前进基地作战的核心部队,使联合部队能够突破敌人的防御,并在岸上进行决定性的作战。"远征前进基地作战"是一种远征作战的形式,使用高机动性、低特征、持久且相对容易维护和维持的海军远征部队,从一系列位于对抗海域或者潜在对抗海域的简易临时阵地,进行海上拒止,支持建立制海权,并保障舰队进行维持活动。

如图2-13所示,"远征前进基地作战"意在创建一系列小型、敏捷的单位,担负防空、反舰和反潜作战任务,也可实施夺占、控制和补充,并在太平洋地区构建小型临时基地的以实施制海作战。

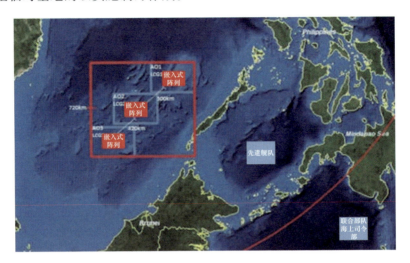

图2-13 "远征前进基地作战"(EABO)示意图(截图)

3) 核心思想

"远征前进基地作战"概念核心思想主要体现在六个方面:

(1) 由驻扎在远征前进基地上的部队进行的战术作战和作战支援活动。根据联合部队海上组成部队指挥官机动计划的要求,远征前进基地作战能够形成动态的海上纵深防御态势,以确保重要的海上要地(岛屿、海峡、重要水域)为我所用,同时不为敌所用,为海上作战编队提供保障。

(2) 部署位置不定。海军传统的前进基地常设在海上通道或重要海域附近,主要用于平时常态化控制及危时、战时兵力投送。"远征前进基地"与传统前进基地的显著区别在于,前者采用分散部署,位置具有不确定性,即可部署在地理条件复杂的濒海、群岛水域,也可部署于内陆湖泊、河道甚至岸上,主要目的是提高战时生存力以及便于危时快速部署。

(3) 配置能力不定。海军传统的前进基地往往以大型综合保障基地形式,采取集中配置以提高保障效率,但在广域态势感知和远程打击武器的威胁下,战时生存力不足。远征前进基地具备多种作战或保障能力,分散配置到散装货船、驳船、渡船甚至小艇上,机动性和隐蔽性强,打击交换比高,能够大幅提高生存力。

(4)形成规模效应。"远征前进基地作战"属于分布式机动作战,联合部队依靠大量、低造价、易维护、高风险承受力、强作战能力、快速部署的平台,可扭转对地区性竞争对手长期存在的兵力和火力劣势。由于平台成本降低,可增大平台数量,实现规模效应,可显著提高作战经济性,同时保证分布式作战网络具有较高的弹性和鲁棒性。

(5)抵近部署。远征前进基地抵近危机、冲突或作战区域部署,可大幅缩短海上交通线,反应速度快,作战持续性好。尽管高端能力仍然需要由少量的高端平台提供,但这些高造价平台自身可远离战区,由其搭载的小型有人/无人平台实现抵近部署。

(6)隐蔽行动。远征前进基地可在敌方远程精确打击火力范围内持续存在并展开行动。

4)主要类型

"远征前进基地作战"通过使用各种类型的单独远征前进基地整合军事能力,进而支撑联合部队克服对手"反介入/区域拒止"战略,并在敌人威胁范围内作战。所有远征前进基地都将具备维持其作战所需的各种能力,并拥有支持联合部队作战方法的特定军事武器装备系统。海军基地主要包括四种类型,了解海军基地主要类型有助于深入了解远征前进基地作战。

(1)前进基地。在联合作战理论中,前进基地被定义为位于作战区内或附近的基地,主要任务是支持军事行动。这个定义留下了一种可能性,即前进基地可能是临时基地,也可能是永久基地。目前,根据与东道国的长期协议和已建好的基础设施,美国部署海外的前进基地可被视为永久性基地。

(2)前进海军基地。前进海军基地并未被理论定义,但更多地指向在作战区域或附近建立的临时基地,主要任务是支持舰队行动,包括在海军战役中进行远征前进基地作战。理想情况下,其部署位置最好位于敌人火力打击范围之外。

(3)远征前进基地。远征前进基地是部署在对手的火力打击范围内,可提供足够的机动空间来完成指定海上任务,同时也可支撑友军进行维持和防御。"远征"意味着它不是永久性的,必须能够迅速改变位置以保持相对优势。

(4)海上基地。海上基地本质上是一个机动的、可扩展的、分布式的平台,能够从海上发起全球进攻和防御力量投送,包括组装、装备、投射、支持和维护能力,不依赖联合作战区域内的陆地基地。

2.1.10 全球信息优势（GIDE）

1）提出背景

近几年,美军认为其军事上面临的威胁正不断上升,对支撑整合情报信息、支持快速决策的可靠技术需求日益迫切,为实验验证决策能力,美国国防部决定由北方司令部牵头与所有主要作战司令部、盟军合作伙伴、政府和行业合作伙伴举行系列全球信息优势演习(Global Information Dominance Experiment),即 GIDE。北方司令部司令格伦·范赫克空军上将声称美国目前有"两个同级竞争对手,都拥有核武器,每天都在与美国竞争",GIDE 的模拟对手就是美国的"同等竞争者"。虽未直接点名,但显而易见美军通过 GIDE 实验的高端智能化作战方式对手直指中俄。

2）概念内涵

GIDE 由美军北方司令部主导,通过演习将美遍布全球的传感器网络和云计算资源、人工智能系统统筹运用,测试验证数据信息采集处理和智能软件预警决策能力,开发并试验支撑联合全域指挥控制的人工智能工具,确保美军可提前预判对手行动,将数据信息和人工智能技术运用到关键战略决策。

GIDE 的核心是基于人工智能技术进行多传感器数据融合处理、快速分析预测和主动推荐对策,让美军获得"提前几天看到"的能力,为决策者创造更多决策空间。从技术成熟度上看,数据采集、云端共享、机器学习和分析推理等技术发展迅速,在诸多民用领域得到了成功应用,已经具备了支撑军事应用的技术基础。从数据信息上看,美国凭借其领先的政治经济军事优势,已建立遍布全球的传感器网络,再加上其与众多盟友的协作,美军可获得来自美盟军用、民用传感器的大量数据,在数据范围、体量和准确性上的确具有其他国家难以比拟的优势。此外,美国在人工智能领域拥有众多世界一流公司,可作为相关软件服务的承包商,确保 GIDE 所需系统落地。美军拒绝透露参与 GIDE 的具体公司,但从 2017 年谷歌公司积极参与美国国防部人工智能项目"Maven 计划"的情况判断,应有多家顶尖人工智能公司正在为 GIDE 提供服务。

3）历次实验

(1)GIDE1 实验,于 2020 年 12 月开展。由美国北方司令部和北美防空司令部协同美国南方司令部、印太司令部、运输司令部、战略司令部,以及负责情报和安全的国防部副部长所属部门举办。仅仅是一次数字桌面演习,主要使用人工智能赋能方法,致力于"预警"和"协作",主要对旗鼓相当对手的威胁动向予以预警,在以上各司令部间实现高效跨域协作。

(2) GIDE2 实验,于 2021 年 3 月开展。扩大了参与范围,美军所有联合作战司令部和联合人工智能中心(Joint Artificial Center,JAIC)参加。致力于引入机器支持的响应手段和实时军种级数据集链接,验证全球一体化和跨作战司令部协作能力的增强,还结合"实时飞行"行动(美国和加拿大战机共同参与),为实验提供了额外的数据输入。总体实现了三项改进:共同认知,让每个作战司令部的指挥官对威胁有一个共同的理解和了解;智能预测,通过人工智能和机器学习工具获得对手行动的早期迹象,实现"预判对手的预判";高效协作,就响应行动进行跨作战司令部协调,从而获得更快的决策,以最终提高整体威慑力。

(3) GIDE3 实验,于 2021 年 7 月开展,首次与全球演练同步实施。美国北方司令部和北美防空司令部得到了空军首席架构师办公室(Chief Architecture Office,CAO)的支持,与其举行的第五次架构演示和评价(Architecture Demonstration and Evaluation 5,ADE 5)同时举行。致力于"检验集成能力有效性"和"验证信息优势向决策优势转换技术",为未来的架构开发提供参考。主要分三个阶段同步展开:第一阶段,整合数据,拓展决策空间。侧重于有效的数据解决方案,将现存于卫星、雷达、网络,甚至海底情报系统的数据可用,实现所有数据上云共享,通过机器学习和人工智能读取,真正快速处理并提供给决策者,通过早期情况显示和警告来拓展决策空间。第二阶段,增强评估,提升威慑能力。验证如何使用专门设计的跨作战司令部协作软件工具,实现更有效的全球后勤协调、情报共享和作战规划,验证了通过全球合作快速创建威慑选项和动态竞争物流规划的全球合作。实验中,主要关注关键运输线路(例如巴拿马运河)受到挑战情况下的物流,评估了应对竞争局面的后勤物流能力。第三阶段,判断趋势,制定防御策略。展示了 JAIC 在机器驱动下的防御策略制定方面的能力,通过整合来自全球传感器网络和其他网络的更多信息,利用人工智能和机器学习技术来识别数据中的重要趋势,向指挥官提供当前和预测的情报,北美防空司令部和美国北方司令部正在为全球的领导者提供帮助,无论是在竞争、危机还是冲突中,都有更多时间做出决定并选择可用的最佳选项。

(4) GIDE4 实验,计划于 2022 年春季实施。目前公开渠道并未找到本次实验情况,从时间上推测可能是受疫情影响,采取线上虚拟方式进行,因此媒体并没有进行相关报道。

(5) GIDE5 实验,于 2023 年 1 月 30 日至 2 月 2 日开展。本次实验旨在使用数据和分析能力来改进联合作战流程,侧重于通过商业和政府提供的工具和系统进行规模化的战斗指挥协作以及快速闭合联合部队杀伤链。演习利用基于云的人工智能和机器学习能力来整合美军传感器数据,并向作战人员和高级领导人提供决策信息,以便他们在冲突时期能比对手做出更好、更快的决策。重点有3方面变化:一是牵头单位从北方司令变成首席数字和人工智能办公室。该办公室于2022年6月1日达到完全运作能力,从时间节点看,GIDE5很有可能是其展现技术理念、发挥技术能力的首次亮相,实验结果将在很大程度上影响美军人工智能应用落地的方式、速度。二是首次提出将与联合全域指挥控制的实施战略保持一致,实验结果为联合全域指挥控制的技术部署提供参考,GIDE5的影响力从司令部层级扩大到国防部,在一定程度上也反映了美国国防部希望将全球信息优势实验作为联合全域指挥控制的试点活动的意图。三是实验频次明显加速。前期实验最多一年两次,本次实验于2023年开展4次,频次明显提升。通过对此前三次实验的形式、环境及内容进行分析,可以看出GIDE的"探索数据共享流程、各参与方任务分配、结果分发及利用"等事务性的工作已基本告一段落,后续将进入软件能力升级、算法快速迭代的软件开发及部署阶段。

4)实验成果

在GIDE2和GIDE3实验中,测试了实现信息优势三个决策辅助工具(Cosmos/Gaia/Lattice),利用人工智能和机器学习技术,从战术、战役、战略三个层面快速为指挥官提供信息决策支持,以期在全球范围内对抗竞争对手。三个工具显示的信息和界面都不一样,但它们之间能够公开共享数据。这三种工具的使用范围横跨战略级的跨作战司令部协作、战役级全球感知、战术级机器使能的行动方案制定。

(1)跨司令部协作工具(Cosmos),该软件系统本质上是利用前两种人工智能工具所搜集的所有数据创建3D虚拟战场图,并在竞争对手做出某些令人感兴趣的事情或改变日常行为方式时自动弹出警报,以便达成以下双重目的:一方面使指挥官不仅能够了解竞争对手在其辖区内的活动,而且还能了解对手在全球范围内的行动;另一方面,提供一个协作环境,使所有指挥官们都能看到同一张态势图,并且可以共同决定如何应对。目前,该工具仍处于原型机阶段,并通过各种演示逐步进行改进。

(2)全域态势感知工具(Gaia)。Gaia是一个战役级的全球全域感知工具,整合了大量数据源和人工智能的指示及警告,将所有态势显示在"一块屏幕"上,指挥官不仅可以看到一个地理责任区域内的情况,而且可以看到全球和多个领域的情况。在GIDE2演示实验中,基于Maven项目开发的人工智能系统搜集的竞争对手动向,Gaia实时集成了来自空中、海上、地面和太空的情报,提供了全球部队部署信息并对竞争对手行动进行预警。

(3)战术决策优势工具(Lattice)。北方司令部正与国家地理空间情报局开展紧密合作,基于"探路者"(Pathfinder)构建 Lattice,并将开源信息输入该系统,现已部署到北方司令部的指控中心,并在实兵演练中投入使用,能够感知从地下到地球同步轨道的所有作战域。该系统人工智能工具并非专注于实时目标跟踪,而是使指挥官更好、更早地了解竞争对手正在做什么,进而迫使对手在冲突频谱的初期(竞争阶段)谨慎行事。

2.2 美军作战概念发展脉络

如图 2-14 所示,美军作战概念体系经历了一个不断探索、逐步完善的过程,从"军种协作"向"联合部队协同","从个性化离散性"向"体系化综合性",从"总结预测战争"向"设计赢得战争"的方向发展。每一个概念的提出和发展都具有明确的针对性,并在演习与战争中不断完善。

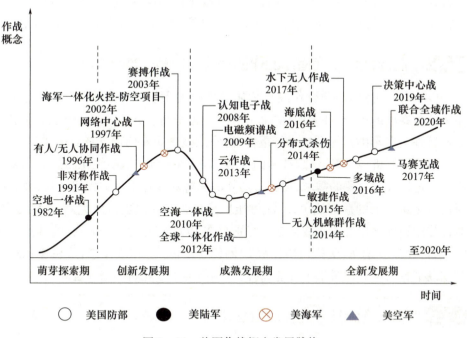

图 2-14 美军作战概念发展脉络

2.2.1 应对"冷战"的作战概念（美苏冷战期间）

第二次世界大战结束后，以美国为首的北约集团随即与苏联为首的华约集团进入冷战时期，为对抗强敌，美国将精打武器与精打相关的作战概念结合发展，在大国竞争中获得了绝对优势，期间美国提出过两次"抵消战略"。在这一时期，美国的军事战略的制定都是围绕"冷战"进行，并时刻准备应对欧洲战场可能出现的大规模、高度机械化的核战争或常规战争。

20世纪50年代至70年代是第一次抵消战略，其核心思想是核力量抵消苏联常规部队力量，即"以核打常"，这期间美国把发展核武器和导弹武器作为军队建设的中心，对作战概念并没有更深入的认识。

真正意义上的作战概念创新始于第二个"抵消战略"期间提出的"空地一体战"。为应对苏军在欧洲地区的威胁，美国陆军率先提出空地一体战概念，并写入1982年版《作战纲要》，以此指导美军作战与训练，为打赢海湾战争奠定了坚实基础。空地一体战开创了美军作战思想和实践的深远变革，成为以作战概念牵引战斗力生成的经典案例。其特点是机械化色彩明显，并以单一军种为主开展合同作战，即便在"空地一体战"中，也体现了"大陆军"思想，空军作为配合。

2.2.2 面向联合作战指挥的作战概念（1986—2002年）

1986年，为了解决联合作战指挥体制方面的困境，克服美军各军种之间的斗争日益突出的问题，美国国防部颁布《戈德华特－尼科尔斯国防部重组法案》，旨在对美军的指挥系统进行重构，为作战概念研发创造了有利条件。

随着计算机、网络等信息技术的发展，美军意识到传统机械化的战争形态已不能满足现代化战争的需求，摒弃了消耗战思想和线性推进的作战模式，聚焦应对信息化条件下的局部战争，从注重能量优势转变为注重信息优势，非接触、非对称等作战理念也进入作战概念。特别是在1991年海湾战争之后，陆续推出了"非对称作战""有人/无人协同作战""网络中心战"等作战概念，从机械化战争时期以平台为中心比拼平台性能，转向以网络为中心比拼网络聚合能力。

2.2.3 融入高新技术的作战概念（2002—2016年）

进入21世纪后，美国国防部把加速军事转型作为第一要务，并将作战概念开发置于重要地位。美国国防部2001年版《四年防务审查报告》提出作战概念开发是军事转型的四大支柱之一，对主要建设领域起到积极推动作用。随着军事变革的持续深入,高新技术在军事领域的应用不断拓展,美军进一步突出联合作战地位,将战争准备对准了以中国为主要对手的"反介入/区域拒止"能力上。

2002 年,美国国防部"国防适应性红队(DART,国防部专门为开发先进作战概念而成立的假想敌扮演团队)"向国防部提交了《军事概念开发与编写实用指南》,首次构建了军事概念的层次结构,建立了标准化的军事概念编制框架。按照该框架,2003 年,美国国防部正式颁布了《联合作战概念》(Joint Operations Concept)1.0 版文件,随后相继颁布了"行动概念"(operating concept)、"功能概念"(functional concept)和"赋能概念"(enabling concept)等支持性概念文件,形成了以联合作战概念为核心、以联合行动、联合职能和赋能概念系列为支撑的联合作战概念体系,为作战概念研发提供了顶层指导和依据。以此为分水岭,美军作战概念开发走上了标准化和规范化道路,进入成熟发展期。美军相继在 2005 年发布了《联合作战顶层概念 2.0 版》(Capstone Concept for Joint Operations,CCJO),2009 年发布了《联合作战顶层概念 3.0 版》,2012 年发布了《联合作战顶层概念:联合部队 2020》。

这一时期的作战概念包括"空海一体战"(国防部于 2010 年)、"云作战"(美国空军于 2013 年)、"分布式杀伤"(海军于 2014 年)、"全球公域介入与机动联合"(国防部于 2015 年)等作战概念。部分作战概念还在伊拉克战争和阿富汗战争中进行了实战检验。这一时期,作战概念开始聚焦多军兵种联合作战,信息化特征明显,比如"空海一体战"强调以海上、空中、太空、网络力量为主,实施高度一体化的联合作战。

2.3.4 聚焦高端战争的作战概念(2016 年至今)

美国认为,重返大国竞争时代,"美军没有做好高端战争的准备"。面对中俄等已拥有同等技术与能力的大国对手,美军必须"改变过去偏好的作战方式",推动战争需求从反恐战争威胁转向高端战争威胁,从绝对劣势对手转向势均力敌对手,从宽松作战环境转向强对抗作战环境,从低烈度冲突转向高烈度冲突,从压倒性军事优势转向同等性军事优势,从追求征服小国的统治力转向追求慑止大国的杀伤力。

2016 年,为适应美国军事战略和美军顶层作战概念的作战理念,美国陆军正式提出"多域战"作战概念,并写入作战条令,旨在推动陆军作战领域的拓展,为美军作战概念的发展提供了新的方向。"多域战"创新意义重大,获得了美国国防部和其他军兵种的支持,促使美军开始更多聚焦于多域与跨域作战,并着眼智能化战争,以期实现"全球一体化作战"。此后的作战概念多聚焦于跨域协同,融合陆、海、空、天、网多个作战域,如多域战、联合全域作战、马赛克战,且均具有一定的智能化因素。以联合全域作战概念为例,强调通过人工智能技术的加持,发展先进作战管理系统(ABMS),在任何时间任何作战域连接任意传感器与任意射手,整合多域战力量,融合多域战效果,进而获取持续优势。

这一时期先后提出了分布式作战、分布式杀伤等新作战概念,以及决策中心战理念,将推动美军各层级在兵力转型方面达成共识,利用新的理念与人工智能技术结合,产生新的颠覆性优势。

2019年发布了《联合作战顶层概念：联合部队2030》,并将它们分别作为各版联合概念体系的顶层文件,且持续对相应的支撑性概念文件进行了调整完善。2019年版的《联合作战顶层概念》提供顶层规划和设计,"联合行动"概念针对中国、俄罗斯等威胁开发并提供解决方案,"联合职能"概念被"联合一体化"概念所取代,提供军事能力发展方向,这三个概念自上而下形成指导关系。作战构想和部队运用构想为联合行动概念落地提供途径,可以有针对性地为演习、推演等设定作战场景。

2.3 作战概念内在逻辑

2.3.1 发展趋势上,概念引领、技术衔接

美军"第二次抵消"战略核心思想是以常规精确制导武器打击和信息技术为核心应对苏联常规军力优势。期间,美国开始认清"战略现实",更加注重打赢有限战争,开始寻求通过创新作战理论获得战争优势,包括"由海向陆""空地一体战"等作战概念在这一时期被提出。

由于隐身能力、精确导航、网络化传感器等军事技术已经扩散到对手,美军在20世纪末提出的以"网络中心战"和"空海一体战"为代表的作战概念显然已不具备明显的优势。为了继续掌握战争中有代差的绝对优势,2014年起,美军开始转向"技术制胜",改变了传统以消耗为主的作战理念,通过重新设计作战力量编成和作战方式,并依靠对抗环境下的信息和决策优势来提升己方的作战能力。美军加大在人工智能算法上的研究投入和军事应用力度,试图抢占先机布局前沿技术,形成针对对手的新一轮抵消能力和不对称优势,从而继续维持美

国的军事霸权地位。通过马赛克战,由人工智能决策支持技术赋能的指挥决策协同单元将利用战场实时态势感知协同网络,迅速获取战场实时综合信息,通过武器平台协同方式完成高度弹性化的、自适应杀伤动态网实现协同作战任务。

2.3.2 设计方法上,上下贯通、纵横互动

美军作战理论体系分为联合和军种作战理论,由构想(Vision)、概念(Concept)和条令(Doctrine)构成,依照"构想—概念—条令"进行开发。2015年以来,美军围绕三个层级进行了主要作战概念开发。

美作战理论发展上下贯通。大多数情况下,美军作战概念是在联合参谋部监督下"自上而下"发展的,但各军种也聚焦各自的特殊需求及发展重点,积极发展独立的作战概念,如美国空军追求多域指挥与控制,美国海军陆战队发展基于远征的先进作战,美国海军完善其分布式海上作战,美国陆军发展多域战能力。一些作战概念虽然起源于军种,但其很快就被其他军种接受,最初强调空军和陆军联合作战演变为强调各军种共同实施的跨域联合作战,作战空间延伸到陆、海、空、天、电等多个维度。"多域战"表明美军已将跨军种跨领域的联合作战能力作为核心作战能力,并且已经呈现出了体系对抗、信息攻防和一体化联合的能力优势,最终以联合作战方式整合,亦有"自下而上"的发展模式。

作战理论纵横互动,交织发展,如图2–15所示,以"联合全域作战"概念为例,由多域战发展而来,强调敏捷支援,具备"敏捷作战"的内涵,同时以作战云平台为基础,体现了"云作战"概念的思路。

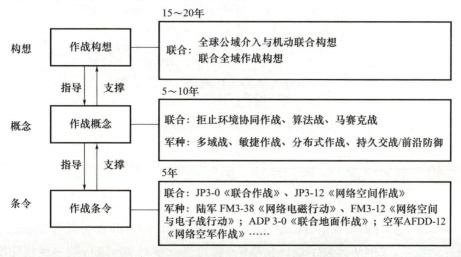

图2–15 近年来美军发展(更新)的作战理论体系

2.3.3 战略主线上,统一协调、跨域联动

美国提出了以"创新驱动"为核心,重点发展能够"改变未来战局"的颠覆性技术群优势的第三次"抵消战略",同时加快网络空间作战理念创新。这是在美国加速推进亚太"再平衡"战略背景下提出的,主要针对中俄等国日益提升的军事能力,特别是中国"反介入/区域拒止"的能力。

如图 2-16 所示,美军新近提出的各种作战理念,其战略主线非常明确,即是在太空、网络等领域迅猛发展的背景下、以应对"反介入/区域拒止"威胁为目的的联合作战理论的升级更新。美网络司令部的"持久交战/前沿防御"可纳入美军反"介入/区域拒止威胁"联合作战理论体系的范畴,一方面,源于美网络司令部先天具有统一协调各军兵种联合网络空间作战的职责;另一方面,它要求美网络司令部作战部队在全球范围内网络可达的任意"网域"尽可能抵近对手及其行动,必然是一场网络空间"介入"与"反介入"的较量。

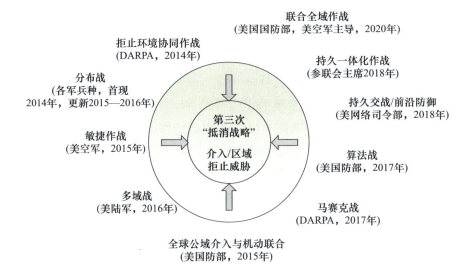

图 2-16 近期美军作战概念发展时间线

2.3.4 制胜机理上,网信赋能、能力腾跃

(1) 现代化的信息基础环境。

美军先后打造全球信息栅格(GIG)、联合信息环境(JIE)作为联合作战的信息基础设施。《国防部数字现代化战略》提出进一步对 JIE 进行数字现代化改

造,以云计算、人工智能、C^3(指挥控制和通信)和网络安全为基础支撑,将JIE打造成一个更加安全、协同、无缝、透明、成本高效的信息化体系。现代化的JIE为美军提供了持续性的信息和决策支撑,是美军获取战场竞争优势的基础。

(2)全域态势感知共享能力。

在美军的作战概念研发中,OODA循环起到决定作用。从"网络中心战"开始,美军一直致力于实现各作战要素间战场态势感知共享、最大限度地把信息优势转变为决策(D)优势和行动(A)优势。

(3)智能化辅助决策能力。

在多域战、敏捷作战、分布式作战等多个作战概念中,都在强调人工智能技术在其中的重要作用,尤其是到"联合全域作战",更是强调以智能化决策为中枢,重塑传统的指挥控制模式。

(4)多域协同的作战力量。

强化与联合部队、联盟部队和跨机构成员的伙伴关系,促进不同作战域能力有效融合,并利用其他领域优势增强某一领域的作战优势,这一核心思想贯穿于美军各种作战概念。

第 3 章

美军作战概念设计开发

3.1 开发流程

作战概念反映了对未来战争的认知,主要基于使命任务、安全/军事威胁、作战对象、战场环境、作战条件等内/外因素(这些因素同时构成了作战概念研发的约束条件),是对解决某一作战问题所采取的作战样式、作战方法、作战效果的具体构想。作战概念研发应着眼于军事斗争准备,反映了概念研发者的政治素质、军事素养、理论知识、实践经验、技术基础等方面水平的高低。

经过长期的实践探索,美军逐步摸索出了一套独具特色的概念研发机制,如图 3-1 所示,其作战概念的创新和提炼、理论研讨、实验论证均有章可循。得益于这套成熟完备的机制,美军逐步形成了比较全面的作战概念体系,如图 3-2 所示,既包括参联会主导的联合作战概念,又有各军种开发的军种作战概念以及跨军种作战概念;既有针对战略、战役问题的顶层概念,又有指导具体战术问题的行动概念,作战概念的门类、层次、结构和功能十分完善。作战概念研发流程可定义为有目的、有组织、有计划实施的与作战概念研发相关的活动的总和。

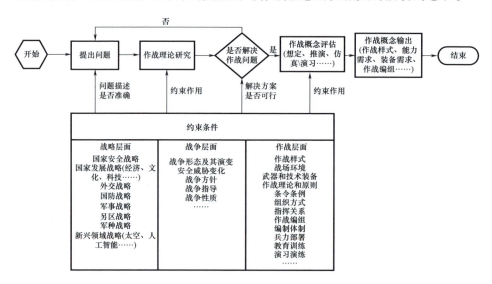

图 3-1 作战概念研发流程

第 3 章 美军作战概念设计开发

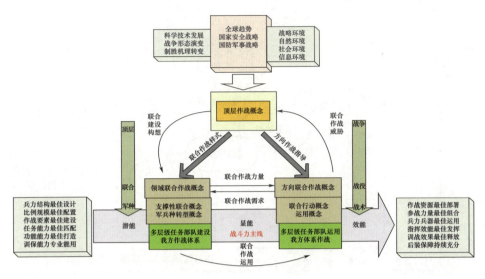

图 3-2 作战概念开发逻辑

3.1.1 定位军事需求

作战需求生成是美军确定作战概念、武器系统，进行作战的重要程序，同时也是美军进行军队建设、实现国家安全目标和军事目的的基础和依托。

美军作战概念体系在名称和架构上经历过多次变化，从一开始的联合愿景到目前的联合概念，架构层次 3 层、5 层都曾经出现过。2021 年，美军联合概念体系分为 3 层，自顶向下依次包含联合作战顶层概念、联合作战概念和行动构想。联合作战顶层概念生成与全球趋势、国家安全战略、国防战略、军事战略、战区战略依次相关，生成后可帮助确定联合部队发展需求，其联合作战顶层概念和作战需求生成的示意图如图 3-3 所示。

冷战期间，面对苏军强大的地面机动作战力量，美军开发出"空地一体战"概念，强调运用火力实施全纵深机动打击，遮断对方纵深内的后续梯队或打击其后方重要目标，割裂其前后方联系，最终在战役全纵深击败对手。冷战后，美军面对可能的弱小作战对手，开发出"快速决定性作战"概念，强调通过先敌决策、先敌展开和先敌打击，在最短时间内对敌造成最大限度震慑，摧毁其作战意志和能力，速战速决。开发作战概念，需要认清国家安全与发展面临的现实威胁，准确定位未来作战需求，基于需求开发针对不同战略方向、不同作战对手的作战概念，系统设计不同战略方向战争样式、作战方法和打击强度等。

63

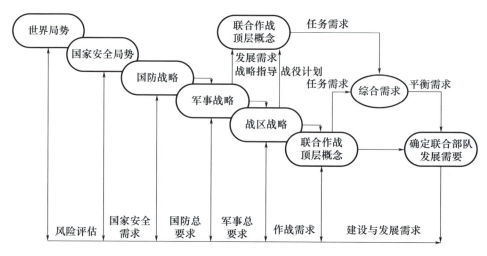

图 3-3 联合作战顶层概念和作战需求生成示意图

3.1.2 找准现实支撑

作战概念在战争实践中的运用,离不开作战力量、技术手段等现实条件的支撑。美军在开发作战概念时,特别重视对主要兵力、主战装备、综合保障、支撑技术等的研究,搞清各种情况发生的可能性及其对作战的影响,确保新作战概念在作战实践中成功运用。第二次世界大战期间,苏联"大纵深作战"概念的现实支撑条件包括,依靠大规模编成的轰炸航空兵、远战火炮、坦克和装甲车等打击力量集中压制敌全纵深要害目标;集中运用坦克、机械化骑兵从敌防御体系中打开缺口,使用远程航空兵和机降空降兵击溃敌预备队,从而彻底摧毁敌战役防御。

当前,开发作战概念,不仅要分析支撑作战概念运用的现有武器装备、保障系统等条件,还要重点分析人工智能技术、无人技术、超能技术、深海技术、生物技术等高新技术的快速发展可能带来的新作战手段及其对作战编成编组、指挥决策、攻防模式的影响。

3.1.3 概念开发立项

美军联合作战概念的开发涉及"J7"和"J8"两个部门,J7 主要负责部队发展(Force Development),J8 主要负责部队设计(Force Design)。J7 作为主管部门,设立"联合概念将官指导委员会",借助联合概念开发工作组机制,常年关注和研究战略指导、作战需求、行动经验教训、联合作战环境变化,确保搜集和遴选的提案具有代表性和先进性。概念开发工作组融合各方提案,形成联合概念提案立项清单。一旦决定开发某项作战概念,概念提案方就要负责组建概念核心编写小组和概念开发小组。在整个撰写过程中,概念提案方将定期审查,以确保聚集于正确的问题,提出能够增强战备水平的解决办法。从敌方和己方两个角度审视概念,结合军兵种职能,以相对独立的红队审查和分阶段的概念逐级评价,确保关键阶段概念开发的质量。概念提案方负责准备正式与非正式协调的初稿,联合参谋部"J7"部门负责提交概念。其中,联合作战顶层概念与联合作战行动概念由参联会主席和国防部长审批,其他联合概念由参联会副主席批准。

3.1.4　实验演习检验

实验演习检验主要是利用模拟仿真、作战推演、实兵演练等手段,检验作战概念的合理性、实用性和可操作性,发现其中存在的问题,逐步调整和完善作战概念。

20世纪80年代起,美军就确立了"提出理论——作战实验—实兵演练——实战检验"的作战理论发展途径。此后,美军充分发挥计算机模拟技术建立各种作战实验室,用于作战训练、武器评估、作战条令检验以及作战力分析等,这也成为美军变革和发展作战理论的重要环节。为提高检验效果,美军严格规范了其检验程序,主要包括四个阶段:一是发现阶段;二是了解阶段;三是实验阶段;四是证明阶段。通过这些方法,美军将各种新型作战理论在实践中加以运用和检验,实现了新理论、新技术向现实战斗力的迅速转化。例如,美国陆军与洛克希德·马丁公司合作举办"多域"兵棋推演、组建不同规模的"多域战"特遣部队,开始对"多域战"概念进行实战化验证评估,在印太战区举办"环太平洋-2018"军事演习,在欧洲罗马尼亚、保加利亚和匈牙利举行"军刀卫士"演习,在波罗的海举行"马刀打击"演习,落实"多域战特遣队"(MDTF)试点计划等。

3.1.5　进入作战条令

作战条令是美军作战和训练的基本依据,作战概念只有进入作战条令,才能将未来作战设计与现实使命任务高效结合,有力指导部队作战实践,最大限度发挥其作用。

进入作战条令是衡量作战概念开发效益的重要标准,并非所有新作战概念都能进入作战条令。由于开发者思维局限以及各种条件的限制,一旦现实需求和条件发生变化,部分新作战概念会随之自然淘汰。此外,作战条令是人对作战实践认识的升华,源于作战实践,不是单纯的理论研究成果,作战概念只有在日常演习训练中进行检验,不断发现问题,调整、修改存在的问题,才能形成经过检验、可执行的法规文件。作战概念一旦进入作战条令,首先会通过法规权威性统一部队思想认识,进而牵引技术装备发展,带动战法创新,乃至带来作战编成的调整,最终推动部队作战能力整体跃升。

美参联会于1996年和2000年公布的"联合构想",为联合作战理论的研究确定了方向,规范了框架和关键术语。《联合构想2020》将六个重要概念——"制敌机动、精确打击、全维防护、聚焦后勤、全谱作战和信息优势"作为理论开发的起点。其后,又进一步提出实现这6个关键概念必须解决的21个难题,然后再设计实现关键概念的所需作战能力。这样,从"关键概念"(Key ideas)到"难题"(Problems)再到"所需作战能力"(Required Capabilities and Capacities),抽象的概念逐渐具体化,研究也具有了很强的针对性。可以说,通过"螺旋"式的理论开发,美军将军事理论家提出的具备较多"艺术"(Operational Art)成分的思想,转变成了条令中可执行的原则和可操作的程序(Tenets and Procedures),从而使作战理论创新经过了从"思想争鸣"到"条令编制"的全过程。

▶ 3.2
作战威胁

美军提出"作战概念"主要是由于其国家战略和军事战略的着眼点逐渐从现实威胁转向当前威胁和未来挑战,通过作战概念明确达成规定目标或应对未来挑战所需的能力。美军历来把开发作战概念作为战争设计、抢夺未来战争主动权的抓手,并以最大威胁作为概念创新的内在动力,将提升联合作战能力作为概念创新的最终目标。

3.2.1　研发作战概念等同于制造或消除作战威胁

作战问题之所以成为"问题",正是由于出现了新的作战威胁,或者原有的作战威胁持续或加重。"战争无非是扩大了的搏斗"。搏斗的双方，均试图寻找和利用对方的薄弱之处，来给对方造成更有效的打击，反映到作战领域，就是表现为对抗双方互相对对方构成作战威胁。研发作战概念旨在解决作战问题，等同于解决作战威胁问题，这正是作战概念研发的"需求牵引"原则的最集中体现。

作战威胁的产生通常有两大来源：军事科技进步和作战理论创新，即常说的"双轮驱动"。军事科技进步和作战理论创新都可以大幅提升作战能力，不但可以催生新的作战威胁，也可以用于消除面临的作战威胁。作战威胁更为极端的表现形式是"突袭效应"，即新武器装备或作战样式的应用使敌方猝不及防、防不胜防，造成极大的心理震撼，进而动摇作战决心，削弱抵抗意志。

作战问题要聚焦，首要是明确作战威胁。明确作战威胁，不只是作战问题研究的起点，也应作为作战概念研发的抓手和基点。作战威胁明确，相当于作战问题明确，作战概念研发就成功了一半。

3.2.2 作战威胁决定作战概念及相应的作战问题

界定作战威胁，首先应界定作战威胁的层面。按照自上而下的顺序，作战威胁可从四个层面进行寻找和梳理。从国家安全战略、国防战略和军事战略等国家和军事层面的战略指导性文件中去寻找战略层面的作战威胁，从军兵种和战区的使命任务中去寻找军兵种和战区层面的作战威胁，从战役构想、方案、计划中去寻找战役层面的作战威胁，从冲突实践、演习演练、兵棋推演、作战仿真中去寻找战术或行动层面的作战威胁。四个层面的作战威胁存在相关性，一是以下承上，下一层面作战威胁的消除，可以为解决上一层面的作战威胁创造条件；二是以上领下，上一层面作战威胁的消除，往往有利于下一层面作战威胁的解决。

作战概念既源自作战威胁，同时也与其一一对应。如图3-4所示，作战威胁的层面对应作战概念的层面，不同层面的作战威胁对应不同层面的作战概念。针对上述四个层面的作战威胁而研发的作战概念，分别对应战争概念、军兵种和战区概念、战役概念和战术或行动概念。

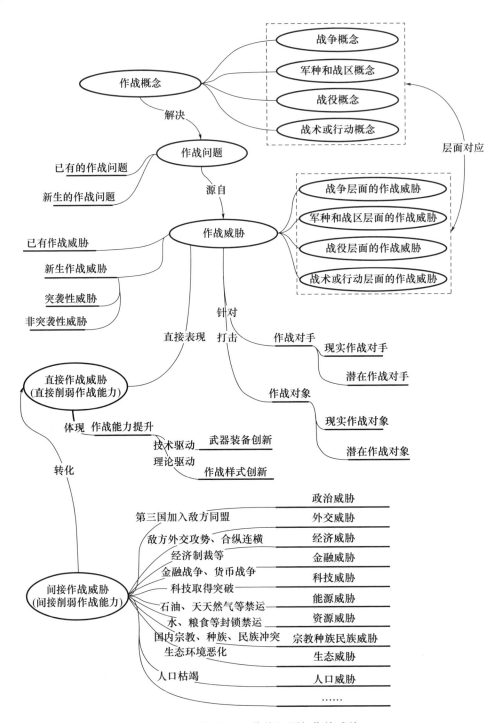

图 3-4 作战概念、作战问题与作战威胁

3.2.3 作战威胁评估

作战威胁的类型、性质、方式和程度,需经评估确定,可统称为"作战威胁评估"。作战威胁评估是针对作战威胁的评估。作战威胁评估可借鉴作战评估的方法,二者区别主要体现在目的和作用上。作战评估旨在提供对作战主体、作战环境、敌我态势等作战要素的认识和理解,是 OODA 作战循环中的"A"环节,为作战过程所不可或缺的环节,保证了作战循环的闭合性。作战威胁评估旨在提供对作战威胁的认识和理解,而作战威胁又是通过作战主体、作战环境、敌我态势等作战要素体现出来的;同时,作战威胁评估也是"发现 – 理解 – 评估 – 应对"这一威胁应对循环的不可缺少环节,保证了威胁应对循环的闭合性。二者同属于决策支持行为,都是为辨识作战行动中隐藏的机会和风险,以更好地消除作战过程中存在的不确定性、抓住战机、规避风险、优化作战流程,提高作战效率。这就决定了二者可采取基本相同的流程和方法。

根据认知和行为规律,作战威胁评估包括四个主要环节:①是否出现了作战威胁,②出现了什么样的作战威胁,③作战威胁带来的风险和机遇,④如何应对作战威胁等,相应地展开各环节的评估活动。作战威胁评估执行的是 PIR&OD 循环,如图 3-5 所示。威胁感知(P,Perception):开展持续监控、情报收集和态势研判,判断是否出现了作战威胁。威胁辨识(I,Identification):判定威胁的来源、形式、性质、后果等,判明出现了什么样的作战威胁。风险机遇(R&O,Risk & Opportunity):开展作战评估,识别作战威胁带来的风险和机遇。威胁应对(D,Disposition):制定威胁应对措施,指出如何应对作战威胁。

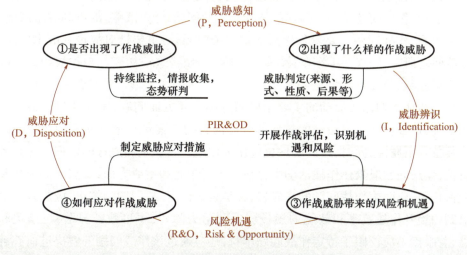

图 3-5 作战威胁评估的内容和环节

3.3 作战问题

作战概念旨在解决具体的作战问题,问题导向是作战概念研发的应有之义,这也是作战概念研发工作的基本指导原则。哪里存在作战问题,就把作战概念研发的关注点投向哪里;哪里作战问题最紧迫最突出最严重,就把作战概念研发的工作重点放在哪里。研发作战概念的初衷就是解决作战问题,首要是发现作战问题,有问题发现不了、认识不到,遑论解决问题。美军作战概念一般描述了四个方面的作战要素,即作战问题、力量构成、装备能力和技术手段,体现了美军作战思想的应用和作战样式的设计。

3.3.1 具体问题定义

从表层来说,美军作战概念的研发,一是为了适应国际政治、社会和经济环境变化,满足利益需求和军事战略需要;二是针对现有的军事问题,结合新的技术手段,提出新的解决办法。但更深层次的原因是为了应对大国竞争,并将作战概念作为解决战争问题的方法,通过"概念驱动"引领军队装备发展,以期获得绝对的战争优势。

研究作战问题首先应定义作战问题,主要是界定作战问题的内涵和外延,目的是更好地认识和理解作战问题,旨在解决作战问题研究的输入。作战问题,简言之,就是作战活动中产生和涉及的问题,其解决有助于作战活动的高效达成。广义上看,作战问题是一切与作战活动有关的问题,涵盖战略、战役和战术层面;狭义上看,作战问题主要聚焦作战活动有关的问题,主要针对战役和战术层面。作战问题研究,始终要牢牢坚持"实战化唯一标准"这一初衷。与作战相关的问题不可胜数,虽然这些问题对战争的各个层面都会有影响,都需要关注,但是关键是要抓住影响作战活动的主要矛盾问题和主要方面问题,进而通过作战问题的解决,达成提升作战活动的效率和效能的目的。聚焦和重点研究的作战问题应具备以下属性,同时,这些属性也应作为作战问题识别和遴选的依据。一是矛盾性,作战问题应聚焦作战活动中存在的主要矛盾和主要方面,根据形势威胁和使命任务,应明确作战问题的优先权;二是有效性,作战问题的解决,应能有效解决制约提升作战效率和效能的短板弱项和阻力障碍,军事效益显著;三是关联性,着眼点不应仅限于特定作战问题本身,还应通过该作战问题的解决进而破解与之关联的其他作战问题,追求"打得一拳开,免得百拳来"的效果。

3.3.2 作战问题分级

可按照战争层级,可将作战问题分为战略层面作战问题、战役层面作战问题和战术层面作战问题。作战问题的层级越高,问题性质就越复杂,且与其他领域的交织越密切,相应地,要求承担解决问题责任的主体层级就越高,解决问题需要动用的资源就越多,采用的手段方法就越综合。作战问题的层级越低,问题性质就越简单,且与其他领域的关联越少,相应地,要求承担解决问题责任的主体层级就越低,解决问题需要动用的资源就越少,采用的手段方法就越单一。

(1)战略层面作战问题。一般要求由国家最高领导层和最高统帅部研究确定,除军事手段外,还需综合使用政治、外交、经济、法律、经济等其他领域的手段加以解决。

(2)战役层面作战问题。一般要求由某一战略方向集群/战区的联合指挥部研究确定,主要采用军事手段,通过实施一次或若干次战役加以解决。

(3)战术层面作战问题。一般由位于作战问题引发严重且紧迫威胁的作战方向的任务部队,通过采用新战术、引用高装备、研究新战法加以解决。

3.3.3 作战问题分类

(1)按照层级,可分为战略问题、战役问题和战术问题。按照层级分类的作战问题,要与作战问题的层级加以区分。前者与按照属性、领域、空间、军兵种、时间等,为并列的区分方法。而后者,是指处于战争的战略/战役/战术层面的作战问题的统称。举例说明。战役层面作战问题,包括各领域、各空间、各军兵种、各时间等不同类型的处于战役层面的作战问题的统称。

(2)按照属性,可分为战术问题、技术问题、战法问题。对于信息化乃至智能化作战,战术与技术呈现融合,战术与技术难以区分,战术问题往往需要技术解决,因此,可统称为技战术问题。战法与战术这两个术语往往存在混用现象,一般也不严格区分。应指出的是,战法,就是战斗的方法,用当前的话语讲,往往是指"非装备解决方案",主要体现在战役和战术层面的指挥艺术上。因此,也可分为技战术问题和战法问题两大类。

(3)按照领域,可分为物理域作战问题、信息域作战问题、认知域作战问题、社会域作战问题、多域/全域作战问题。信息化战争时代,信息成为作战的主导要素,作战问题通常可归结于信息域作战问题,信息域成为短板弱项的聚集领域,作战问题往往要通过网络信息体系寻求破解。目前,受近年来的叙利亚战争、克里米亚危机、俄美战略博弈、2022年俄乌冲突等局部战争和武装冲突的实践推动,认知域作战成为研究热点,认知域作战问题研究被提到紧迫日程上来,受到空前的重视。受信息化推动的全球化浪潮影响,冲突也拓展到人类活动的几乎所有领域,且这些冲突领域也呈现出前所未有的关联,而多域协同、全域融合成为战争的发展趋势,基于网络信息体系的联合作战、全域作战成为当前乃至未来中短期内战争的主导形态。在此意义上,当前所有的作战问题,都可视为多域/全域作战问题。

(4)按照空间,可分为陆战问题、空战问题、海战问题、天战问题、网络战问题、电磁战问题、信息战问题、舆论战问题、心理战问题。随着冲突空间的拓展,作战问题往往还被拓展到外交战问题、金融战问题、经济战问题、法律战问题、能源战问题、资源战问题、粮食战问题等。这些虽常常被冠以"战"之名,但在严格意义上,属于与战争伴随出现的冲突问题,不符合战争概念的"暴力对抗""流血冲突"的定义,甚至不应称之为"战",自然也并非作战问题。不可否认,将其视为作战问题加以研究和处理,也有利于战争在战略上的统一,也可从战争艺术中得到启发和借鉴。应指出的是,战场空间作战问题不同于军兵种作战问题。在各战场空间,同样是多军兵种联合作战。遵循"战区主战、军种主建"指导,战场空间作战问题,主要是运用问题,应由战区牵头研究解决;军兵种问题,主要是建设问题,应由军种牵头研究解决。

(5)按照军兵种,可分为陆军作战问题、海军作战问题、空军作战问题、炮兵作战问题、天军作战问题、网军作战问题等。军兵种作战问题,更多是从作战问题所涉及的关注主体和作战对象的角度加以界定。如前所述,在信息化战争时代,从产生根源和解决方案上看,几乎不存在严格意义上的军兵种作战问题,即作战问题并非由某一军兵种独有和独存,也不能依靠某一军种完全得到解决。军兵种作战问题存在着融合的趋势,这是由军兵种融合的趋势决定的。当前,联合作战和全域作战的趋势已成,军兵种实现前所未有的协同,相应地,要求将军种的作战指挥权转交战区,而战区统一指挥某一战略方向上的所有军兵种部队。在此意义上,可将战区视为一个高度综合的"军种",而战区所属的军种组成部队,可视为战区这一"军种"的"兵种"。若军兵种融合一体,意味着不再存在军兵种作战问题,都可归为联合全域作战问题。

(6)按照时间,可分为历史作战问题、近期(短期)作战问题、中期作战问题、远期作战问题。其中,历史作战问题更多的属于军事理论研究范畴,并非针对具体的现实军事需求,更多的是为现实军事需求提供参考和借鉴。历史作战问题的研究,多采取复盘推演、角色替换、假设想定等方式,目的是为当前的建设和运用提供思想和案例上的借鉴,历史作战问题研究贡献的主要是军事智慧。所谓的近期(短期)、中期、远期,也没有统一明确的时间定义。对我军而言,一般对标国家层面设定的"三步走"发展目标对应的时间节点。毕竟,军事力量建设在根本上,是实现国家发展目标的途径和手段,并为其提供支撑。因此,可按照近期(2027年)、中期(2035年)、远期(2050年),加以界定。一般而言,作战问题越是近期性的,对其描述就越具体,对其认知和理解就越准确,问题的紧迫感就越强,面临压力就越大,解决方案的可操作性要求就越高;反之,越是远期性的,对其描述就越模糊,对其认知和理解就越浅薄,问题的紧迫感就越弱,面临压力就越小,解决方案的可操作性要求就越低。

(7)按照阶段,可分为战前问题、临战问题、战中问题、战后问题。按照阶段分类作战问题,主要是针对作战准备、作战筹划和作战实施等环节而言的。不同阶段的作战问题,准备、筹划和实施的侧重点不同。战前问题,主要涉及构想计划和综合保障等方面。临战问题,主要涉及战前动员和直接准备等方面。战中问题,主要涉及应变响应和临机筹划等方面。战后问题,主要涉及处突维稳和重建维和等方面。

3.3.4 研究方法论

作战问题研究工作,大体可分为梳理作战问题、定义作战问题和解决作战问题三部分内容,就是在对作战问题进行收集、梳理、归纳、提炼、分析和研究,认识其对战争准备和军事行动带来的影响和制约,给出对其本质和规律性的定义和描述,并提出解决作战问题的原则指导、方案构想和措施建议。

作战问题研究,本质上属于调查研究工作。调查为研究的前提基础,研究是调查的目的归宿。调查研究是获得真知灼见的源头活水,是做好工作的基本功。作战问题研究,同样必须大兴调查研究之风,重在找准作战领域存在的短板弱项,短板弱项就是存在的问题。调查研究,是理论性和实践性都很强的工作,理论提供指导和洞见,实践提供对象和依据。

如图3-6所示,研究作战问题,遵从认知大逻辑,可分为梳理作战问题、定义作战问题和解决作战问题等三个环节,构成作战问题研究的知行循环。梳理作战问题,就是从大量相关的作战问题中进行情报梳理,确定待研究的作战问题集。定义作战问题,就是界定作战问题的内涵,提炼出作战问题的机理规律。解决作战问题,确定特定作战问题的思路方案,提出解决该作战问题的作战样式和能力要求。

图3-6 作战问题研究的认知循环

梳理作战问题,关键是找准问题。作战问题的梳理,源自于形势分析和威胁研判。应奉行"以战领建、以建促战"理念,在掌握情况和数据的基础上,根据军事力量建设、军事斗争准备、承担使命任务的优先级,聚焦那些制约战斗力提升和打赢亟须的作战问题,建立作战问题集。定义作战问题,关键是研透规律。作战问题的定义,应建立在认知作战问题基础上。应奉行"料敌从宽、反向思维"理念,针对特定的作战问题集,采用专家研讨、推演评估、红蓝演习等方法,研透作战问题的机理和规律,用简洁扼要的语言,概括其核心要义,为解决作战问题,准备好靶标。解决作战问题,关键是做实方案。作战问题的解决,是作战问题研究的最终归宿。应奉行"实战标准、体系战建"理念,紧紧围绕所聚焦的作战问题,坚持高质量、高效益、低成本、可持续的指导,提出可落地、可操作、可考核的解决方案。作战问题研究类的文件,可参照图3-7所示结构进行。

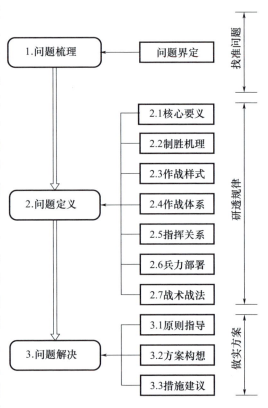

图3-7 作战问题研究流程

3.4 美军作战概念研发趋势

美军作战概念是关于未来战争和作战的前沿理论,主要是针对中长期安全挑战与威胁,围绕军事力量运用与建设而提出的系统性认识,目的是为准备与打赢战争提供咨询建议和理论支撑。长期以来,美军作战概念不断推陈出新,在促进军队建设乃至指导打赢战争方面发挥了重要作用。研析美军作战概念发展逻辑,把握演变规律与内在特征,对我塑造对美博弈先机具有重要意义。

3.4.1 发展趋势

美军作战概念不断发展,在创新使命、动因、重点等方面有根本性的变化。

一是作战对象由"基于能力"向"基于威胁"转变。2021 年 10 月,美国陆军部长克里斯蒂娜·沃穆思在美国陆军协会年度会议上表示:"如果要求美国陆军能够应对主要战略对手的挑战,应加紧打造一支强大陆军。"2021 年底美国陆军公布了《路线图 2028—2029》。以这份新的军事指导性文件公布为标志,美军近年来秘密进行的军队重塑渐露端倪。目前,美军新一轮军事转型的基本逻辑和调整态势逐步清晰,对"基于能力"模式进行了根本性调整,确定了"基于威胁"的转型路径,强调全面聚焦中俄军力优势、短板,以此为核心推动"高技术转型",重塑军力优势。"基于威胁"表明美军将作战概念较量打造成中美博弈的重要战场,主动设计战争,使作战概念聚焦具体威胁问题,更具针对性和可操作性,对我具有更大影响和挑战。

二是制胜机理由"以平台、能量为中心"向"以信息、决策为中心"转变。以"网络中心战"的提出为分水岭,在此之前美军军事方针和相关作战概念强调绝对作战力量优势,即在观察节点通过先进的探测技术获得目标信息,再由行动节点的作战单元给予对手致命性打击。随着对手的装备力量、军事技术水平的提升,仅依靠装备或作战平台的作战模式已不能满足美军对战争优势的把控。美军开始强调将整个作战环中各节点的作战单元形成作战网络以达到体系对抗优势,将夺取战场制信息权作为制胜的关键。当前,美军不再满足依靠网络聚合形成体系能力,拓展延伸出"分布式杀伤""多域战"和"马赛克战"等一系列概念,其中"决策中心战"概念成为美军对制胜机理研究的深化和总结。"决策中心战"强调形成 OODA 回路,提升回路生成速度,压缩回路时间,并阻碍对手作环的生成,追求时间上的优势。

三是战争形态由"单域、有人、中心"向"全域、协同、去中心"转变。从"空地一体战"以来,美军作战概念最初强调空军和陆军联合作战演变为强调各军种共同实施的跨域联合作战,作战空间延伸到陆、海、空、天、电等多个维度。当前,"多域战"表明美军已将跨军种跨领域的联合作战能力作为核心作战能力,并且已经呈现出了体系对抗、信息攻防和一体化联合的能力优势;美军从20世纪90年代开始投入无人作战领域的探索和研究。当前,美军高度重视无人自主系统及人工智能技术发展,美各军种及国防部开展了"小精灵"项目、"进攻集群使能战术项目"等无人集群项目的研究,为美军"拒止环境协同作战""无人机蜂群作战"等作战概念提供了技术支持;从"网络中心战"开始,美军作战概念中对作战体系认知逐渐呈现出了网络化、分布式、扁平化、平行化的特点。以"马赛克战"为代表,美军将网络通信和分布式云作为作战的基本支撑,突出作战单元的分散和快速重组,根据作战任务对作战单元的重组进行分析决策,并辅以人工智能的支持,无人化、无中心特点更加突出。

3.4.2　美国新战争观逐渐成熟

辩证地看,美军花样繁多的作战概念都是现代战争形态演变规律的客观反映;综合各种作战理论,又可以更全面、更深刻地观察美军军事理论和军事思想的演变。另一方面,花样繁多的创新作战概念就像是从不同侧面观察当代美国战争观所得出的"心理镜像";而将这些"心理镜像"拼接起来,就可以窥见当代美国战争观的全貌。如果要用中国化的语言形容这种新战争方式,那么叫"分布式智能化作战"似乎并无不妥。其主要特点可概括为:

(1)跨域联合。联合是美军作战行动的显著特点,是其作战理论的共同指向。海湾战争后,美军联合作战指挥体制更加健全,联合作战条令开始成系列颁布实施,联合作战逐渐扩大到多个军种和多维空间,陆海空天一体成为该时期联合的基本样式。当前,美军作战概念均把跨域联合作为应对新威胁的有效途径,即便是各军种作战概念也都强调超越单一军种范畴,筹划如何在联合作战中发挥自身优势,提出了聚合作战能力、联合机动作战、多域一体作战等思想,牵引联合作战向多主体、大范围、深层次的方向发展。

(2)分散部署。这里的"分散部署"是一个广义概念,除作战行动中的分散部署外,还包括作战编组小型化——作战编组小型化映射到作战行动中必然可以达到分散部署的效果。这种发展趋势主要源于一个主观因素与一个客观因素。主观因素是鉴于中、俄等军队日益强大的"反进入/区域拒止"能力(包括中远程弹道导弹、先进防空反导武器及远程反舰导弹),美军的航空母舰、轰炸机等高价值武器装备及大型前沿军事基地越来越脆弱,美军认为,只有实现分散部署,才能达到迷惑敌人、保存自己的目的。客观因素是随着先进信息技术的发展、C^4ISR系统的不断升级及自主技术、无人技术、人工智能等新兴技术的创新运用,网络战时代"形散神聚"的目标有了更好的实现途径。可以发现,美各军种不约而同地向分散部署方向发展:陆军试验性质的"多域战特遣队"编制仅1500人左右,是比当前地面战斗旅规模更小的模块化部队;空军的"急速猛禽"概念要求4架F-22猛禽战斗机和1架C-17运输机编组作战;海军提出的"分布式杀伤"概念更是明确要求分散部署。相比而言,在这方面走得最远的无疑是DARPA,其提出的"马赛克战"理论并不满足于对既有装备、人员的分散式部署,而是进一步要求在设计时便对现有高价值目标(如F-35、F-22猛禽战斗机或航空母舰等)进行功能疏解,重点发展一系列集成度不高、具备特定功能的平台(如具备侦察或打击功能的无人机、无人潜航器等)。这可以说是在无人、自主技术发展的推动下,分散式部署的一次重大理论突破。

(3)机动作战。如果说分散部署是"形",那么机动作战就是"神"。纵观中外历史,灵活机动向来是作战制胜的关键,熟读兵书的美国精英军团自然深谙此道。在战场上,"灵活机动"是一种相对概念,或一种"相对于敌人"的概念。从这个角度讲,分散部署本身有助于机动作战,即通过分散部署,迷惑敌情报、监视、侦察(ISR)系统,干扰、迟滞甚至误导敌决策,进而为我机动作战行动创造条件。这也正是年2020年2月份美国战略与预算评估中心发布的研究报告《马赛克战:利用人工智能与自主系统实施以决策为中心的作战》(简称《以决策为中心的马赛克战》)的核心思想,即欲通过马赛克战,使敌观察美军就像观察马赛克一样,无从做出及时有效的作战决策,进而使美军取得相对于敌的决策优势。反过来,从主观视角看,美军还谋求通过提高用兵速度、做好伪装防护与隐身、缩短决策周期(即OODA环)等手段,达到机动作战的目的。这方面的例子可谓不胜枚举,美国陆、海、空三军及组建不久的天军皆如此。例如,发展高超声速武器、打造隐身化空军以及加紧投资建设联合全域指挥控制系统,被美国空军视为新一轮转型发展的重要内容。

(4)智能赋能。美军认为,信息网络是一种重要的"战斗力倍增器"。早在20世纪90年代末,美国海军高层便率先提出网络中心战概念,并很快被美国国防部采纳。而近年来,随着人工智能、云计算、大数据分析、认知计算、软件定义网络、区块链、量子计算、物联网、5G通信、无源光网络、零信任安全等新兴信息技术的发展,美军洞悉到信息化战争向智能化战争过渡的巨大机遇。2019年7月份,美国国防部正式出台《国防部数字现代化战略》。该战略既是落实美国新版《国家安全战略》《国防战略》的重要举措,同时也是美国国防部IT现代化工程的顶层指导性文件。作为该战略的重要支撑,其下又分解为多份子战略,包括已经发布的《国防部人工智能战略》《国防部云战略》《国防部数据战略》以及正在制定的《国防部网络风险战略》《国防部IT改革战略》《国防部指挥、控制与通信(C^3)现代化战略》。这表明,美国国防部已经开始对未来具有智能化特征的信息化战争进行系统的战略布局。相比于以前的数字化进程,由此推动的数字现代化升级改造将是一场革命性变革,美军将借此对现有信息系统及军事网络进行深度改造,使其蜕变为一种更高级、更富弹性、更具智能化、更安全的数字化网络,以更好地支持未来复杂环境下的作战行动。

3.4.3 对我启示

作战概念创新是推进军队转型建设,夺取战争主动权的关键。美军采取"理论研究、实验验证、评估优化、实战运用"的作战概念开发路径,不断推出"联合全域作战""马赛克战""分布式杀伤"等作战概念。总体而言,美军作战概念开发面向联合作战,通过规划各军种在联合作战中的职能来进行统筹设计;通过能力需求牵引解决方案,研发相应装备;通过突破前沿技术、研发关键装备寻求非对称优势;重视法规制度和标准规范制定和执行。研究美军作战概念创新和发展对于军队转型建设具有重要理论意义和实践价值,通过强化作战概念设计,创新作战概念研究模式,加强体制机制和标准规范建设,指导作战实践,牵引部队建设和发展。

第 4 章

美军作战概念验证

作战概念验证是对作战概念的科学性、实用性和可行性进行的检验分析,是工程化设计作战概念的关键步骤,也是推动作战概念实践应用的重要前提。作战概念针对未来作战进行设计,概念验证通常无法通过现实的同等规模的部队和装备真枪实弹地展开,需要充分利用多种手段、方式、辅以现代化的技术,为作战概念验证提供条件支撑。

美军当前对作战概念采取了多种检验验证方式。本章重点从兵棋推演验证、仿真分析验证和作战试验验证三个典型方面展开介绍。

4.1 兵棋推演验证

兵棋系统具有"人在回路"参与度高、按回合组织灵活性好、对接装备实战性强等特点,更能发挥人员在作战概念验证中的能动作用。各类兵棋系统进行有机整合后,可以形成涵盖战略、战役、战术不同层级的兵棋体系。拓展兵棋系统的概念验证相关数据模型和演示、分析等系统功能,使兵棋系统成为作战概念验证的重要手段。

美国陆军少校利沃摩尔于 1883 年将兵棋引入美国后,美国海军首次于 1889 年在战争学院对作战概念应用了兵棋推演。1899 年美国陆军战争学院成立,也引入兵棋推演课程,但比海军晚了整整 10 年,这种海军领先的局面一直延续到越战以后。但是,由于美军所重视的军事运筹分析在越战中遭到惨败,20 世纪 70 年代起,美军开始了艰苦的军事转型之路。美国著名兵棋专家邓尼根应陆军战争学院毕业生伞兵上校雷蒙德·马赛多尼亚的邀请,将兵棋重新带到战争学院。1978 年,陆军参谋长就开始利用战争学院的兵棋来规划未来的作战概念和作战方案。之后,麦克科林提克和邓尼根以及雷蒙德共同开发了基于计算机技术的兵棋推演方案——麦克科林提克战区模型。1981 年兵棋系终于在战争学院建立起来,随后美国国防大学也建立了相应推演机构。

美军的兵棋推演在 20 世纪 80 年代后不断发展,经过 40 多年的演变,如今已经成为其作战和研究的重要工具,无论是基于严格式兵棋还是基于自由式兵棋,都体现出日臻完善和积极进取的精神面貌,各军种学院都具备了较成熟的兵棋推演分析工具。

4.1.1 推演主要机构

美军从国防部到各个军种,各自均有多个兵棋推演及仿真模拟研究机构,遥遥领先于世界其他各国。美军涉及兵棋推演的单位众多,各军种都有多个相关机构,具体如下:

美国国防部办公室的兵棋推演机构涉及三个相关部门:①五角大楼净评估办公室(兵棋推演是其使用的工具之一);②五角大楼国防部副部长办公室(兵棋用于政策研究);③五角大楼成本估算和计划评估办公会(利用兵棋推演权衡成本和效果之间的关系)。

美国联合参谋部的兵棋推演机构涉及两个部门：①J-7联合兵推部；②J-8研究、分析和推演部。美国欧洲司令部兵棋推演机构主要是战士战备中心（位于德国）。

美国太平洋司令部涉及两个中心：①太平洋战斗中心；②韩国航空模拟中心。

美国特种作战司令部兵棋推演机构单指佛罗里达州坦帕市兵棋中心（主要负责兵棋开发）。美国战略司令部兵棋推演机构单指美国战略司令部兵棋推演中心。美国国防大学兵棋推演机构单指应用战略学习中心（负责为美国国防大学所有院系提供兵棋服务）。

美国陆军兵棋推演机构主要有8个：①美国陆军参谋部五角大楼战略及战术分析组（提供分析兵棋推演和决策保障）；②美国陆军军事学院战略领导中心（负责陆军Title10兵棋）；③美国陆军分析中心（为陆军参谋部提供高质量的兵推推演和分析服务）；④训练和条令司令部分析中心（进行分析性兵推活动）；⑤卓越中心（为美国战斗实验中心服务）；⑥美国国家模拟中心（宣传、开发并提供各种兵棋以及单方模拟）；⑦美国陆军军事学院（教学类兵棋）；⑧西点军校（教学类兵棋）。

美国海军兵棋推演机构主要包括3个：①美国海军军事学院海军战争研究中心兵棋推演系（海军Title 10兵棋的执行机构）；②美国海军作战部五角大楼兵棋推演事务部；③美国海军研究生院（教授兵棋推演课程，并进行兵棋相关研究和开发活动）。

美国海军陆战队兵棋推演机构主要包括4个：①美国海军陆战队战斗实验室；②美国海军陆战队作战发展司令部；③蒂克海军陆战队基地兵棋推演部；④美国海军陆战队大学。

美国空军兵棋推演机构众多，主要包括：①五角大楼空军指挥部兵棋推演部（负责空军Title 10兵棋推演事务）；②五角大楼空军指挥部A10；③兰利空军基地A9LW兵棋分部；④内利斯空军基地第414战斗训练中队；⑤赫尔伯特菲尔德第505战斗训练中队；⑥柯兰特空军基地第705战斗训练中队；⑦美国太平洋空军（与美国太平洋司令部兵棋推演整合）；⑧美国驻欧洲空军（兵推行动成为美国欧洲司令部能力的一部分）；⑨美国空军特种作战司令部兵推办公室；⑩美国空军教育和训练司令部LeMey中心兵棋推演研究所（为美国空军大学和整个空军提供教育决策支持）；⑪美国空军教育和训练司令部蓝色地平线（聚焦科学和技术推演）；⑫美国空军机动司令部兵棋推演部门；⑬美国空军全球打击司令部兵棋推演和战略研究部门；⑭美国空军装备司令部兵棋分部；⑮美国空军研究实验室战略规划和转型部（为美国空军兵棋推演提供科学技术支持）；⑯美国空军太空司令部 A3TG 兵棋办公室等。

美国兵棋推演主要机构如图 4-1 所示。

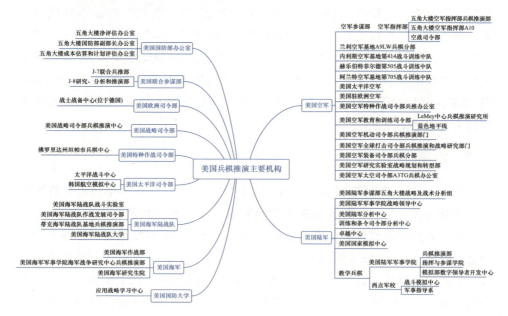

图 4-1 美国兵棋推演主要机构

4.1.2 推演类型和特点

美军兵棋推演自第二次世界大战后逐步走向低谷,越战之后美军进行了反思和转型,兵棋又被重新引入军种学院,成为重要的分析与评估工具。美军兵棋的发展可以从它的类型划分谈起。

▶ **1. 单层级与多层级**

按层级划分,可分为战略、战役(作战)和战术等层面的兵棋。但从严格意义上来说,这并不是兵棋的分类方式,而是兵棋推演的应用方式。在不同层面上进行相应的兵棋推演。近年来,美军多层兵棋推演取代了以往单一的战术兵棋推演。战略、战役(作战)两层兵棋推演已属于常态,目前正在向三层兵棋推演结构迈进。

▶ **2. 自由式与严格式**

按传统的划分方法,可分为自由式兵棋推演和严格式兵棋推演。一些人认为自由式兵棋推演是一种倒退,其实并不然。自由式兵棋推演在战略和战役层面都有很好的应用,但在战术层面由于其随意性强,缺乏数据支持,不如严格式兵棋推演可靠。近年来,随着计算机技术的发展,计算机兵棋推演不断成熟壮大。由于建立在严格式兵棋推演的基础上,且增加了实战经验值,计算机兵棋推演较手工兵棋的单纯概率计算更为合理。计算机兵棋的优点很多,使得传统手工严格式兵棋推演的生长空间受到挤压。特别是基于武器系统仿真架构的出现,如OneSAF,自底向上建立营-旅级单位,可精确到人和单件武器,模拟效果较过去有了质的飞跃。

3. 公开型与封闭型

按推演的表现形式,可分为开放型与封闭型。开放型兵棋本质上允许所有推演者获得关于每一方部队和能力的所有信息。这种兵棋使用单一态势图,地图上每一方的部队在较大程度上被公开部署。封闭型兵棋则通过向推演者引入信息限制的方式,更好地模拟了"战争迷雾"。这也是普鲁士兵棋完整的推演方式。需要三张图板进行推演,即红蓝双方各一个图板,而裁判手中有一个完整的态势图板。这种兵棋试图限制推演者的认识,仅仅通过传感器获得敌军部队信息。封闭型兵棋几乎总是要有计算机的某种帮助,除非其规格和范围很小。所以,尽管人们为兵棋中引入一些限定性技术已经尝试了很长时间,但是真正的封闭型兵棋是近期才开发出来的。没有计算机支持并想成功地推演秘密型兵棋,至少业余兵棋爱好者遇到的困难很大。封闭式与开放式是专业和业余兵棋的主要区分点。

4. 研讨型与系统型

如果按推演的过程来分类,可将兵棋分成研讨型兵棋(Seminar Wargame)和系统型兵棋(System Wargame)。在研讨型兵棋中,推演者双方讨论移动的次序和给定情况下他们可能使用的对抗手段,并在可能发生相互作用这个问题上达成一致。然后一个控制组评估作用结果,并反馈给推演者。每一次推演步骤都重复这个过程。研讨型兵棋通常使用各种真实时间长度(时间阶段)的移动,并倾向于根据不同细节水平解决不同阶段的行动。研讨会兵棋更接近于公开型兵棋。更倾向于被限定在专业兵棋的世界中,研究、讨论和学习通常比推演者在业余推演中充当一个重要角色更为重要。

系统兵棋用一套结构化、高细节、具体化的规则和程序代替了研讨型兵棋的自由讨论过程。在某些方面,系统兵棋和严格裁决密切相联系,而研讨型兵棋则与自由判决相联系。就像严格式和自由式兵棋中经历了长时间竞争一样,研讨型兵棋和系统型兵棋之间也存在同样的竞争。

▶ 5. 教育型和研究型

按兵棋的设计目的来划分,可分为教育型与研究型,该划分方式是美国兵棋专家皮特·波拉提出的。教育型兵棋的设计目的是:学习新的课程、强化已学课程、评估掌握程度;研究型兵棋的设计目的是:协助制定战略、识别问题、达成一致性意见。

▶ 6. 新标准与思路

近年来美国海军战争学院开始将兵棋推演分为三大类,称之为经验性(Experiential)、参与者达成(Player Arrived)和以分析为目的(Analyst Derived)等三类兵棋。用以描述与演习结果相关的活动水平及其对演习设计的影响。经验性演习要求的分析工作最少,演习的目标是参与。演习活动都是设计用来让参与者适应或者为了介绍新概念。参与者达成此类演习活动是为了让参与者在演习过程中获得某种"答案"而设计,亦即为他们自身产出演习所能提供的基本结果。例如,由医疗专家针对一系列场景所进行的演习活动,目的是确定这些情景下的各种要求,从而可以让他们在演习结束之时进行充分的讨论,积累相关经验。最后一种就是传统的"以分析为目的"的演习,此类演习活动结果的范围和复杂性要求大量的事后分析来产出有意义的结果。当然,一场演习活动可以拥有这三种类型特性中的任何一种或多种因素。

4.1.3 兵棋推演的应用

由于美军大部分的兵棋推演是由高级教育机构进行的,且教育型和研究型兵棋推演也能较好地说明兵棋的作用与用途,因此这种分类法在美国军队影响较大。下面以此分类来分别说明美军兵棋推演的一些具体应用情况。

1)教育型兵棋推演的应用

美军认为,教育型兵棋推演的主体是各军种战争学院以及国家战争学院。陆军战争学院的主要兵棋推演是"战略决策决心演习"。这是一个战略决策演练,学员应用在核心课程中所学的概念、过程、方法和知识进行实验性学习。演习设置为未来某个时段,包括在战略过程中应对多重危机,危机包括主要作战行动、人道主义救援、维稳行动、恐怖主义的国内应对以及自然灾害。推演要求学员构思岗位文件,成立跨机构政策委员会、代表委员会、国家安全顾问委员会来进行战略政策选择,在国家安全和国家军事战略框架下应用国家力量,应用危机响应计划进行军事行动并为政策制定提供建议,优化稀有资源,与国际伙伴进行协同,维护合作并实施政策。在这个独有的演习中,要求学生在一个教室中模拟跨机构或政府间的环境,根据情况自由发挥。最后,学生要找到方法来衡量风险,建立联盟,以及谈判解决复杂问题。在最终的战略决策演习中,至少要在两个不同的战略角色中进行挑战。在一个时间压缩和资源约束的环境下,就相关的全球环境安全,每个学生必须做出重要的决定或建议,包括传统的以及非常规的各种预案。

海军战争学院兵棋系,自1887年建立以来,每年要进行25场主要的兵棋推演,40%用以支持教学目的。由于兵棋系作为美军历史最悠久的兵棋机构,每年接受大量的外部需求,包括国防部、海军部、各个司令部和民事机构包括副总统办公室、参联会以及海军部长等。兵棋研究内容从太空战概念到反潜战,从非常规战到全球战争,从先进技术到政治——军事关系,而参加者从初级军官直到四星上将,也包括世界各国的海军军官。海军战争学院认为"兵棋是产生、测试和辩论战略和战役概念的载体,对海洋和联合作战的军事和文职决策者进行演练,参与者的决策是兵棋设计和分析的核心"。就战争学院本身教学而言,每年都要进行一个涉及范围广泛的兵棋推演,测试学员所学。海战研究中心负责这些演练。采用想定和真实时间计划制订和沟通工具,通过一系列自由发挥的事件,对学员进行挑战,测试其所学,不仅要求学员具有必要的计划制订能力,而且需要将国力和想象力整合以计划军事行动。反复进行的演练强化了学员的学习过程,允许学员进行自我评估以及向教官反馈以利于日后的工作。在海战班,学员进行一个当代的真实世界危机想定演练,制订危机行动计划并执行该计划,演习持续2周,在此经验基础上,学员用10周时间精心构思一个正规的、海上指挥官概念计划,将对真实世界的行动计划进行拓展和精细化。

1975年,克莱门茨蓝丝带委员会就职业军事教育问题列举了军种学校需要强调战争和在战斗中的决策。1976年,空军参谋长"随时准备项目"指导空军大学要"把更多的战争放入战争学院",空军兵棋推演研究所(AFWI)的成立就来自于这两个指导方针。研究所于1986年在亚拉巴马州麦克斯韦空军基地成立。该研究所设立了相当多的兵棋推演项目,如针对中级指参学院的拱顶石兵棋推演、联合空天演习(JAEX)针对高级空天作战学校的战区战役演习等。每年,空军兵棋推演研究所开展和实施大约21场兵棋推演,约5625名人员参加,采用计算机、仿真模型和研讨会形式解决军队如何部署、作战和进行战斗支援等课题。

研究所也提供"实验室环境"为现在和未来领导人及参谋提供机会最大真实地研究战争的问题。空军战争学院学年的兵棋推演是单独挑战,该兵棋推演包括了领导力、条令、战略、政治/军事事务、联合/合成作战等概念。它为学员提供机会来展示其将国家级决策转化为战略和战役层行动的能力。参加这场兵棋推演的学员要管理正在进行的全球危机和国土安全想定场景,他们将面对兵力结构和海外基地的不足。

目前美军在联合教育方面最大的演练项目——联合陆海空模拟演习(JLASS)中,参演人数约100人。基本达到了多个层级的指挥与控制功能。联合陆海空模拟演习关注于战役和战略级联合及合成作战相关概念,是一个多边的、计算机辅助的、基于研讨形式的战略和战役兵棋推演,由野战部队、特遣队和战术空军组成,是唯一用于高级军事教育院校的联合兵棋推演。目的是通过美军对地区性危机反应过程的检验,增强联合职业教育的效果。兵棋推演设定了一个在未来10年的地区性冲突的危机想定。参加者完成其任务和达成目标,任务分配阶段通常在12月各自的驻地进行,通过网络输入信息。即时建立世界形势和特定的危机想定,各团队也要了解国家利益和所有相关的国家目标并建立同盟关系。

各军种学校参加者分为红队和蓝队两部分,分别承担合成司令部和下属参谋人员。空军战争学院、陆军战争学院、海军陆战队战争学院、海战学院、海军战争学院和武装部队工业学院的学员构成蓝队,空军战争学院(教官)是责任范围西南亚的红队,太平洋和非洲司令部责任范围红队成员来自于军种学院教官,李梅中心负责情报支援。各团队具有一个合成司令部和下属的指挥参谋人员并制定战区战役计划,建立各自的战役战略、评估敌人的打算和能力、军力态势并决定后勤需求。在战役计划完成阶段,参加者于第二年四月汇聚在空军兵棋推演研究所开始进行正式兵棋推演。对战双方通过手写的行动命令进行兵力部署,通过合成手册或计算机联军输入分析进行裁决,通常兵棋推演持续另外4个步骤,时间间隔从几天到几周,持续的情报和形势变化将根据参加者的战役表现进行动态更新。

2)研究型兵棋推演的应用

由于研究型兵棋推演涉及美军未来发展方向,一些较有影响力的兵棋推演逐步演变为各军种的"Title X"兵棋推演。"Title X"兵棋推演是目前美军规模最大的兵棋推演系列,每个军种都有若干针对不同世界形势状况的兵棋推演。这些兵棋推演已经超出了过去单纯战术或战役的兵棋方式,而成为混合的、由多个层次、多个举办地点、含有各种兵棋模式,最后总结检讨的、对未来战争作战概念进行分析的一种工具,体现了美军应用软科学架构进行军事前沿研究的综合能力。各军种的"Title X"兵棋推演包括:陆军的"陆军转型系列"与"联合探索"(UQ);海军的"全球演习";海军陆战队的"远征勇士";空军的"未来能力演习""施里弗太空演习"和"联合作战"。从1979年到2023年以来,美国海军战争学院几乎每年举办一次全球演习活动。这些演习活动在假想的背景下开发未来部队结构。全球战争演习命名为"Title X"演习,因为这些演习都以《美国法典》Title 10 海军部队的组织、训练和装备等要求相关的问题为主。空军的"未来能力演练"是空军参谋长主导的两个"Title X"兵棋推演之一。该兵棋推演是一项长期的战略规划活动,用来比较两种未来的兵力结构方案,以支持战略规划。从兵棋中得到的深刻见解将会影响空军的战略规划、概念发展和部队结构构成。作为一个长期规划活动,该兵棋侧重于在空军愿景和战略计划基础上评价未来概念的长处和不足,并测试备选方案的兵力结构,该兵棋由空军未来概念和转换部(AF/A8XC)与空军概念和战略与兵棋推演部(AF/A5XS)协调、负责设计和运行,由空军兵棋推演研究所主办。由上可以看出,美国陆军的未来作战概念发展方向很大一部分是通过"联合探索"这一兵棋推演表现出来的。在研究型兵棋推演中,基于未来威胁与环境进行军队建设是美军重要的军事任务。

关于 CSBA。战略预算与评估中心(CSBA)是美国一家独立的研究机构,与兰德公司一样,非常注重利用兵棋推演的方式进行作战概念研究。2014 年 12 月,该研究机构发布的关于台海问题的报告《坚固台湾 2.0 版——阻碍敌人以形塑威慑》,就曾用兵棋推演的方式,验证了中国大陆对台动武后美台联合对抗的所有可能结果。2017 年 7 月中旬,台湾的防务部门整评室曾邀请 CSBA,进行为期 5 天的"台湾防卫替代性战略能力评估(不对称战力)研讨会"。

研讨会中,参与人员分成蓝军与红军,进行兵棋推演。这次研讨会的编组方式,由"台湾国防大学"教官组担任"红军",退役将领与民间学者教授分别搭配成立"蓝军一""蓝军二"以及"白队"的裁判组,而美国 CSBA 智库的退役校级军官,依其研究专业的领域不同,分别加入"红军""蓝军一""蓝军二",以及"白队"的裁判组中的混合编组,在现有预算与资源之下,从不同的角度,分组就不同议题进行了可行性的评估与讨论。讨论结果达到预期效果,充分验证了之前的各种概念和设想。

4.2 仿真分析验证

作战仿真技术是评估电子信息装备作战效能、提升部队作战训练效果,以及分析验证作战概念的重要手段。美军一直将作战仿真系统列为建模与仿真技术研究与应用的重点,并始终在这一领域处于世界领先地位,其先进的技术机理和成功的经验值得研究与借鉴。

本节重点介绍美军典型的作战仿真系统的功能定位、组成及应用情况,包括联合作战系统(JWARS)、联合仿真系统(JSIMS)、联合建模与仿真系统(JMASS)、战士仿真系统(WARSIM2000)、指挥(Command)系列以及"AI+模拟仿真+兵棋推演"的新模式,最后分析总结美军作战仿真系统的成功经验及技术局限性。

4.2.1 联合仿真项目

联合建模与仿真系统(Joint Modeling and Simulation System,JMASS)、联合仿真系统(Joint Simulation System,JSIMS)和联合作战系统(Joint Warfare System,JWARS)是美军著名的三大联合仿真项目。按照美军的全面规划,JWARS的目标是促进战役级仿真模型的重用和互操作,主要用于战役级行动方案的推演仿真;JSIMS的目标是促进战术级/战场级仿真模型的重用和互操作,主要用于指挥人员和参谋任务级训练仿真;JMASS的目标则是促进组件级和平台级武器系统模型的重用和互操作,主要用于工程设计和交战级系统的分析与仿真。

20世纪90年代初期,随着第一次海湾战争的爆发,联合作战的重要性日益突显。美军出现了一体化训练的需求以训练军兵种间的联合和协同,迫切要求为陆、海、空等军兵种部队提供一个多维、高度集成、虚拟的战争训练环境平台。在此背景下,美军开始实施联合仿真系统(JSIMS)计划,目的是通过提供战场空间的通用环境视图和作战视图,创造一个无缝的一体化联合作战空间,通过和战场空间范围内的 C^4ISR 系统及其他装备互连,为受训者提供一个近似实战的联合训练环境。JSIMS采用分布交互式仿真技术,应用领域主要面向作战参谋人员的训练。它由一个公共核心基础设施和陆海空等各军兵种开发的仿真模型及应用系统组成,将陆战、海战、空战、天战、电子战、地形、海洋环境、大气环境、机动/部署、计算机生成兵力、后勤运输以及其他专用模型等诸多作战元素有效地综合在一个联合作战空间内,形成一个集成的仿真环境。

在实施 JSIMS 项目的过程中,美军认识到原有交互式仿真的缺陷,由此推动高层体系结构(High Level Architecture,HLA)。随后,JSIMS 执行 HLA 标准,实现了仿真应用与底层通信支撑结构分离的目标,大大提高了系统各种仿真成员之间、仿真成员和 C^4ISR 系统之间的互操作性以及仿真组件的可重用性。20 世纪初,JSIMS 采用迅捷组件(SPEEDES)和 HLA 作为其仿真体系结构,从而使不同 JSIMS 开发机构开发的独立模型能够基于 SPEEDES 通用组件仿真引擎实现互操作,由此构成一个包含多个 SPEEDES 及直接 HLA 联邦成员的大型复杂联邦。同时,为了满足美军高级指挥官和参谋人员战略及威胁逻辑推演和联合作战演练的需要,美军又开发了战略战役级仿真系统 JWARS。

JWARS 是一个战役级作战仿真系统,由美国国防部长办公室主持签约开发。它的用户包括美国国防部长办公室、联合参谋部、后勤部和美军作战司令部。JWARS 同样基于 HLA 标准,能够提供三维战场空间、气象、后勤制约以及基于感知的指挥和控制等功能,可应用于作战计划的制定和执行、兵力评估研究、系统采办分析、作战新概念和新条令的形成与评估。其核心功能是支持联合作战分析与评估。它以联合作战为背景,综合战争的主要领域,包括 C^4ISR、后勤、大规模杀伤武器、战区弹道导弹防御等。

与 JSIMS/JWARS 都是基于 HLA 的大型仿真应用有所不同,JMASS 是一个面向武器系统测试与评估领域的模拟仿真支撑环境,用以支持组件级和系统级武器系统研究、开发与采办。从本质上说,JMASS 不是一个仿真应用,而是数字化模拟仿真体系结构标准,即一组协议、接口、服务和工具的集合。JMASS 与 HLA 的区别在于:HLA 支持不同仿真应用之间的重用、互联和互操作,JMASS 则支持工程级与交战级仿真应用内部不同模型之间的重用和互操作。JMASS 表现为实体过程对输入数据的加工和处理,HLA 表现为实体过程的互联和交互。

JMASS 主要包括三个部分:①模型标准,包含可重用的软件结构化模型(SSM)和模型应用编程接口(API);②仿真支撑环境,包含仿真引擎、可视化开发工具、事后处理分析以及商业软件工具接口等;③模型库和资源库,包含本地模型和数据库,以及建模与仿真资源库。

JMASS 本身并不包含任何模型和仿真应用,它只为建模提供了公共的作战仿真结构,可以视之为仿真系统的软件支撑环境。基于 JMASS 的作战仿真系统包括 JWARS 系统和 JSIMS 系统,共同形成美军的三大"J"类联合仿真项目。

4.2.2 战士仿真系统

战士仿真系统,WARSIM2000(Warfighters Simulation 2000),是美国陆军的推

演训练仿真系统。它能够在联合作战的想定下，为训练营到战区级的指挥员和参谋人员，提供一个逼真的联合作战空间仿真环境，包括：军团战斗模拟训练、战术智能模拟和陆军部分的战争综合演练场（STOWArmy）等。WARSIM2000 还支持实时的作战指挥训练科目，如在美军各部队和学校组织实施的研讨会、指挥所演习、联合作战指挥训练计划等科目。此外，仿真的部队及行动还包括维和、反恐平叛、缉毒和灾难营救等。其中，联合作战模拟训练环节，士兵需要扮演同一个战事环境里的不同角色，借助团队配合完成相应的个人和团体任务。

WARSIM2000 采用了聚合级仿真协议（ALSP）将构造性仿真与创建战场环境结合起来以支持训练和演练。为了利用已有的设备资源，WARSIM2000 既可以与作战指挥所中现有指挥系统设备实现互联，又可以兼容各种支持分布式仿真的推演仿真实体、半自动化兵力和真实的作战平台。

WARSIM2000 是美军里程碑式的仿真系统，它对指挥控制训练仿真的标准化有着重要的意义，它所提供的仿真训练环境，是美国陆军部队保持较高的战备水平的决定性因素之一。

目前，WARSIM2000 正在向着"网络化、虚拟化、智能化、协同化、服务化、普适化"为特征的现代化方向发展。从发展过程来看，先进的仿真技术利用高速计算机网络将各种试验系统及有关科研机构联合起来，应用在军事、航空航天等国防领域，并渗透到了国民经济的各个领域。形成了高效完整的仿真实验体系。具体可归纳为以下几个方面：

仿真理论与技术已形成专业体系，发展方向呈现多元化；应用领域已覆盖陆、海、空、天、电、网等军兵种，可以在较大规模上支持作战、指挥训练、多兵种联合战术演练、作战任务预演以及军事教育等；在实现技术上，采用 VR 技术，建立三维逼真的合成环境，构造支持自然人机交互的各种类型的虚拟仿真实体，并利用先进的网络技术互联处于不同地点的仿真，建立具有一定规模的分布式虚拟战场环境；仿真验证与评估手段向数字化与半实物仿真并重、并行协同、虚实融合的方向发展；基于仿真的采办成为武器装备采办过程管理的发展方向；仿真标准化建设逐步形成完整自上而下的标准规范体系。

4.2.3　指挥：推演系列

《指挥》（Command）兵棋推演是一款著名的人在回路实时联合作战兵棋推演模拟器，可指挥从第二次世界大战后到未来的各类舰艇、潜艇、飞机、卫星、网电平台等武器平台和系统。数据库中的武器种类和数量超过一万种。其商业版于 2013 年一经推出就在业界掀起轩然大波,备受用户好评和专业机构认可。

《指挥》兵棋推演模拟器有一系列版本。其中有三个版本声名显赫:第一款是《指挥:现代海/空行动》(Command:Modern Air/Naval Operations,CMANO),这款模拟器是《指挥》系列的开山之作,是一款功能强大的联合海空作战兵棋推演模拟器,它曾被美国《外交政策》杂志用来进行推演中日东海空战。2016 年 10 月,该款兵棋开发公司 Matrix Games 的高层先后前往美军赖特·帕特森空军基地和五角大楼,向军方展示了 CMANO,最终,美军空中机动司令部决定采用它作为他们兵棋推演的模拟工具之一。CMANO 的诞生无疑撼动了现代计算机兵棋的基石,它不仅成功进入五角大楼的视野,还多次赢得"年度兵棋游戏"奖项。目前,国内多款知名的兵棋推演系统就是在《指挥》兵棋推演系列基础上进行的复刻和改造。

后来推出的第二款兵棋模拟器《指挥:现代作战行动》(Command:Modern Operations,CMO)提供了一个更为震撼的跨越海陆空的一体化联合作战指挥平台。它的出现直接将该款兵棋模拟器推向业界巅峰,也奠定了《指挥》系列在兵棋推演领域的王者地位。在这一全新的版本中,UI 经过彻底的重新设计,变得更加友好和符合直觉。地面作战一直以来都是 CMANO 的短板,地形因素缺失是最大的问题。在 CMO 版本中,地面作战可以让用户利用不同的地形类型(沙漠、森林、城市、沼泽等)获得不同的机动性,武器效果和能见度。在"战争链"战役中借助特殊手段实现的"通信中断"功能现在已成为新版本的特性,用户将有机会阻断敌人的通信以孤立其部队,同时,两栖登陆、空投和搭乘等操作也不需要再借助于脚本。即使在无人系统出现之初,战斗也不全是纯武器之间的对抗,这些无人系统需要人类参与或远程控制,而这些人员的熟练度视训练情况各自不同,他们根据条令和接战规则进行操作,这些人员通常比硬件本身更重要。新版本还提供了"快速战斗生成器"供用户快速进入行动,而无须担心更广泛的战略或政治复杂性。当然,用户也仍然可以使用强大的想定编辑器来创建想定。所有 CMO 原版的想定都经过想定设计师 Rory Noonan 的重新制作,除此之外,还有全新官方和社区的想定加入其中。

第三款兵棋《指挥》专业版(Command:Professional Edition,Command:PE)是在前两款的基础上进一步改进和完善,面向更专业的用户推出的全功能版本。这个版本不仅可以模拟战术级的作战行动,还可以在战略/战役级规模的兵棋推演中一展身手。该版本主要面向军事承包商、军事分析师、科研学术机构和武装部队使用。海军战争学院(Naval War College)以及其他多个国家军事学院也将 Command:PE 纳入模拟推演训练平台之一。后来还相继得到美国空军、美国海军、澳大利亚国防部、德国空军、英国国防部、英国国防科学技术实验室、洛克希德·马丁公司等众多机构的青睐，并作为重要的兵棋系统为各国军方加以利用。

专业版本几乎每两个月定期更新一次，2023年10月，专业版2.2.5.1版本正式推出。新版本在新的指挥界面下，地球的操作更加流畅，使用了高分辨率地图图层，超大容量的卫星图像信息和地形高度信息相结合，提供了前所未有的高精度战场数据，以支持高缩放级别的地形展示。该版本还提供了出色的地形、道路加城市网络的可视化呈现，让指挥人员能更加身临其境的开展指挥筹划和方案验证。

专业版紧跟时代发展，为用户提供了许多新域新质武器。包括增加了各种规格型号的高能激光武器，每一种都提供丰富的参数种类可供设置；增加了高超音速飞行器；增加了轨道炮和高超音速巡航导弹；增加了电磁脉冲武器（包括全向系统和定向系统两种类型）等。

专业版基于交互式与蒙特卡罗的分析方法，具有随机样本估计（LOS）深入分析工具，支持各类数据的导入导出，支持自定义模型构建，支持三维可视化效果。同时，它还拥有强大的、可扩展的模拟引擎、灵活且可定制的用户界面和令人惊叹的开源数据库，可以定制以满足各组织机构的兵棋推演、培训和分析需求。

4.2.4　"AI+兵棋推演+模拟仿真"新模式

世界各国之间以及各个利益集团之间的博弈使得当代战争复杂性愈演愈烈。而随着人工智能（AI）技术的崛起，如何利用新兴技术应对当代战争和作战概念的复杂性成了当下美军关注的一个焦点。2022年2月，美国兰德公司发布《模拟仿真和兵棋推演中的人工智能》报告，讨论了人工智能如何应用于政治、军事的模拟仿真和兵棋推演，并提出了三个主要观点：兵棋推演和模拟仿真是相互关联的研究方法，应该一起使用；AI可以对每一种方法做出贡献；用于兵棋推演的AI应该由模拟仿真提供信息，而用于模拟仿真的AI应该由兵棋推演提供信息。

▶ 1. 兵棋推演和模拟仿真的区别与联系

兵棋推演和模拟仿的区别如表4-1所列。模拟仿真重在"定量"，但由于未能反映人的定性考虑而受到极大限制。有的批评者认为模拟仿真的"严谨"所产生的结果虽然是精确的，但可能是错误的，而兵棋推演则可以纠正这些缺点。

表4-1 兵棋推演与模拟仿真的区别

属性	兵棋推演	模拟仿真
定量/定性	定性	定量
严谨性/重复性	一般	是,但结果有时是错误的
权威性	较好(得到认可)	是,有良好模型和数据
范围	侧重战略/战役级	侧重战术级
特点	在讨论中明晰	有时不透明
创造性/适应性	好	较好
应用性	较好	较好
趣味性	好	否,且不利于团队建设
代表性	可以代表最高决策者的思想	较差
清晰度/说服力	好(体验式学习)	较差

兵棋推演处于同样受争议的境地。一方面,兵棋推演的各方面成就使得模拟仿真受益匪浅;另一方面,兵棋推演的质量参差不齐,有的是浪费时间,有的是与事实完全相反的结果,有的则能提供独到、丰富的见解。报告认为,应该综合运用两种方法。如图4-2所示,随着时间的推移,从兵棋推演和模拟仿真中获得的经验被吸收借鉴,使用人工智能从模拟仿真实验中挖掘数据(第4项),以便为后续的过程补充完善理论和数据(第5项)。在任何时候,根据问题定制的"兵棋推演-模拟仿真"模型可以解决现实世界的问题(第7项)。如同在浅灰色的气泡中,人类团队的决策辅助工具(项目6a)和主体(Agent)的启发式规则

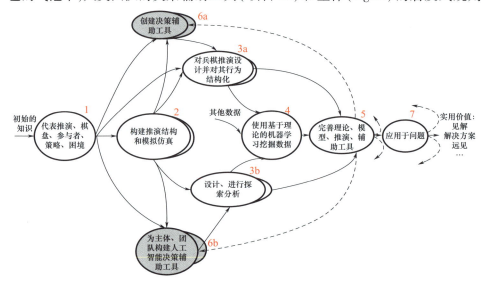

图4-2 兵棋推演综合运用的愿景

(项目6b)被生成和更新。有些是直接构建的,但其他的是从分析模拟仿真实验和兵棋推演中提炼出来的知识。该报告认为这个综合模型与专注于一个或几个单一模型形成鲜明对比,总体上来说是具有革命性意义的。

2. 大国之间复杂博弈带来认知复杂性

今天的国际安全挑战远远超出了冷战时期的挑战,各国迫切需要新的军事战略以及新的兵棋推演和仿真分析。

(1)多极化和扩散。世界现在有多个决策中心,它们的行动是相互依赖的。从概念上讲,这将人类置于多体博弈论的世界中。但是由于各种原因,多体博弈论解决方案的概念没有被广泛采用。尽管目前在战略稳定方面已经做了一些努力,但现实世界的多极化可能太复杂而导致无法建模。随机混合策略通常在多体博弈中的作用很小。同样,在计算其他参与者的行动时可能存在更多的内在复杂性,以至于随机化产生的额外一层不确定性对我们理解未来的危机动态几乎没有帮助。

(2)多维战争。相比1980年,现在拥有大规模杀伤性武器的国家更多。网络作为一种战略武器的加入使事情变得更加复杂。武器装备的变化扩大了高端危机和冲突的维度,如远程精确打击和新形式的网络战、信息战和太空战。

(3)有限高端战争的可行性。一个未被充分认识的推论是,世界现在比以前更适合有限的高端战争,在这种战争中——尽管更热衷于威慑理论的人观点相反——可能会有博弈中的赢家和输家。旷日持久的"有限"战略战争现在极有可能发生。

(4)盟友之间相互冲突的目标。今天的美国盟友有着不同的重要利益和看法。北约在整个冷战期间表现出的非凡的团结,在现代危机或冲突中可能无法重现。在亚太地区,相关国家之间的矛盾关系构成了危机中困难的预兆。所有这些国家都有通过使用太空、网络空间或区域范围内的精确武器进行升级的选择。该报告认为,人类可能正在进入一个类似于20世纪初的多极化阶段。

3. 各类新兴技术给建模问题带来机遇

各类新兴技术在各领域的广泛应用,给国家安全相关的建模问题带来了新的机遇。典型的新技术包括如下几个:

(1)基于主体的建模。基于主体的建模已经取得了很大的进展,并且对于提供现象如何展开的因果理解的生成建模尤其重要。这种生成模型是现代科学的革命性发展。与早期专家系统的主体不同,今天的主体本质上是典型的目标寻求或位置改进,这可能使它们更具适应性。

(2)模块化和专门构建的模型组合。现在,构建独立有用的模型(如模块)并根据问题的需要组成更复杂的结构是有意义的。模块化设计允许对正在建模的内容进行替换,这可以开阔思维,避免意外或为适应做准备。此外,模块化开发有助于插入针对特定问题的专门化,这是建模师和分析师团体在 2000 年中期美国国防部研讨会上推荐的方法。

(3)数据驱动的 AI/机器学习。人工智能这个术语现在通常用来指机器学习,它只是人工智能的一个版本。最大似然法已经有了很大的进步,最大似然法模型在拟合过去的数据和发现其他未被认识的关系时经常是准确的。

(4)深度不确定性下的决策。在"深度不确定性下的决策"主题下,讨论的规划概念和技术已经发生了根本性的进展。在许多不确定的假设中,预期表现良好的策略。尽管在过去,不断增加的不确定性常常令人麻痹,但今天却不必如此。这些见解和方法在国防规划和社会政策分析中有着悠久的历史,应该被纳入人工智能和决策辅助。

(5)设计"永不停机"的智能系统。从技术上来说,大多数国防部的"兵棋推演 - 模拟仿真"模型被人工智能称为"转换"。模型或游戏有一个起点,它先运行,然后报告赢家和输家。可以执行多次运行并汇总结果,以捕捉复杂动力学中固有的变化。新的人工智能模型设计不同,模拟"永远在线"的系统。这被称为反应式编程,不同于转换式编程。这些系统从未停止,也不只是将输入数据转换成输出数据。

▶ 4. "AI + 兵棋推演 + 模拟仿真"新模型

该报告为构建一个完整的"AI + 兵棋推演 + 模拟仿真"架构给出了相关建议。图 4 - 3 勾勒了一个顶层架构,在考虑许多可能的危机和冲突时,需要深入关注至少三个主要的行为者,以解决当前时代的危机和冲突。图 4 - 3 还要求对军事模拟采取模块化方法。

为大规模情景生成、探索性分析和不确定性下的决策做准备是必要的,需要强调两个重要问题:第一,只有当模拟在结构上是有效的(即模型本身是有效的),不同参数值的探索性分析才是有用的;第二,从探索性分析中得出结论是有问题的,因为所研究的案例的可能性不一样,它们的概率是相关的,但没有分配概率分布的良好基础。模型的有效性和数据的有效性应该分别用于描述、解释、后预测、探索和预测。参数化方法有很大的作用,但模型的不确定性经常被忽视,需要更多的关注。

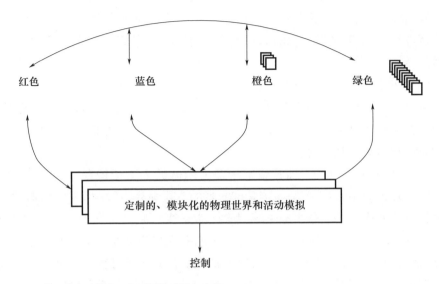

红色、蓝色、橙色：主要团队或认知主体
绿色：团队或其他实体的简单认知代理

图 4-3　多方博弈结构模拟顶层架构

美国国防高级研究技术局（DARPA）率先利用"AI＋兵棋推演＋模拟仿真"架构思想对马赛克作战的概念进行了检验验证。DARPA 认为，马赛克战与多域战、分布式杀伤等概念不同，对于它的验证应当更加关注新兴技术的加入，尤其是人工智能技术崛起对作战的影响，特别是要重视将战争视为新兴的复杂系统，并使用低成本的无人驾驶编队以及其他电子和网络特效来压倒敌人，其中心思想是低成本、快速、致命、灵活和可扩展。DARPA 认为与其建造一种针对特定目标进行了优化的昂贵、精确的弹药，不如将小型无人系统与现有功能创造性的、不断发展的武器相结合，以利用不断变化的战场条件和紧急情况所带来的优势。

随后，DARPA 的战略技术办公室、海军陆战队大学、美国陆军预备役第 75 创新司令部和战略预算与评估中心（CSBA）之间合作进行了一系列兵棋推演来检验这一概念。2019 年 3 月，CSBA 的研究员哈里森·施拉姆（Harrison Schramm）、布莱恩·克拉克（Bryan Clark）和丹·帕特撰写了《马赛克作战系列兵棋推演——将 AI 的战术应用评估为主要组成部分》一文，介绍了 2018 年 CSBA 组织以人工智能（AI）为主要组成部分的兵棋推演进展情况，文中谈道，"人们对系列兵棋推演的需求源于一种理解，即仅凭技术不足以在战争或商业中获得优势"。为了充分利用技术进步，"作战概念"在作战中转化为面向外部的观点和案例，需要以与技术本身相称的速度成熟。因此，马赛克作战兵棋推演的目的是同时完善两者。在系列兵棋推演的早期,我们决定要使用人类 AI 模拟器从推演者那里引出新的概念。随着思想的发展,我们最终构建了自己的简单控制器。

在兵棋推演中使用的马赛克控制器(简称"C"控制器)是一种包含 AI 某些属性的启发式方法。它用于为人类推演者提供名义上的指挥控制(C^2)流程,以此探索在实际控制器中所需的属性。这是创新框架中的关键,因为它允许同时开发有关技术和作战概念。

兵棋推演中使用的 C^2 流程依赖于蓝方团队的人工指挥和"C"控制器的机器控制。在推演中,"C"控制器接受推演者的高层命令,并以"菜单"的形式返回一组特遣队使用选项。这些选项称为"行动路线",是蓝方每回合行动的起点。这些行动方针为在大范围内不同地点发生的多次战斗分配了可用的力量。通过设计,来自用户的输入数量很小,可以模拟无法访问指挥过程的每个细节的推演方。请记住,研究问题不是建立一个完美的控制器,而是发现控制器中最好的属性,并且有时可以通过反例来发现这些问题。

总而言之,"AI + 兵棋推演 + 模拟仿真"模型仍需要不断改进,以便更有效地提高概念验证的质量和可信性。

以上介绍了几种典型的美军作战仿真分析系统基本情况和发展新模式。一直以来,美军将作战仿真系统列为建模与仿真技术研究与应用的重点,其在作战仿真系统研究过程中所产生的标准已成为世界各国开发作战仿真系统的蓝本和基础。目前,美国已将作战仿真系统作为军事训练、作战研究、新型武器系统采办和推动军事革命的首选工具,这也是美军始终保持军事强国地位的重要因素之一。其主要经验和局限性总结如下:

第一,作战仿真系统体系结构规范化、标准化。美军仿真系统从分散建设发展到目前的联合统筹,建立了相对统一的构架,出台了一系列数据标准和互联标准等。作战仿真系统在共同的技术框架下成体系地建设,既有类似于 JWARS 系统的联合战役层次的作战分析仿真系统,又有类似于 JSIMS 系统的主要面向作战参谋人员的训练仿真系统,还有 JMASS 这样的工程和交战级的仿真软件公共结构和支撑环境,以及其他与之兼容的低层次、细粒度的仿真系统。依据 HLA 等体系结构标准,各级系统既可以独立运行,也可以与不同层次、不同类型的系统互联互通,联合完成共同的作战仿真任务。

第二,作战仿真系统以 C^4ISR 仿真为核心,具备丰富的电子战仿真模型。C^4ISR 系统在现代战争中起到大脑与耳目的作用,美军作战仿真系统均以 C^4ISR 仿真为核心,并具备丰富的电子战仿真模型。以《指挥》兵棋推演系列为例,其

C^3I 模块是系统的核心模块，可以根据接收到消息的类型、内容决定对消息进行处理或者分发传递；可以模拟参战实体的战场态势分析、威胁目标评估、作战协同、交战武器选择、锁定目标、发射武器、毁伤评估，以及各种突发事件的临机反应等功能。虽然是任务级作战仿真系统，但《指挥》兵棋推演系列具有丰富、精细的电子战仿真模型，包括多种传感器的探测模型、干扰模型、通信模型、传播模型、地形模型、气象模型、电子战交战规则模型等。

第三，以建模仿真牵引数据需求，以数据建设支撑建模仿真应用。美军的建模仿真与数据建设紧密相连，或者说建模仿真就是作战数据建设的共生体。1996 年，美国国防部启动建模与仿真主计划时，就将任务空间概念模型、数据标准以及高层体系结构并列为建模与仿真的三大支柱内容。美国国防部同期还启动了联合数据支持项目（JDS）建设，其主要服务对象就包括了 JWARS，负责制定联合作战模拟背景下的数据体系，并收集相应的各类情报数据。

在作战仿真系统的形态上，美军坚持模型与数据分离的技术路线，这既是仿真领域自身发展的结果，也来源于更好地实现民建军用的管理需要。《指挥》兵棋推演系列的数据库就是一个开源可供用户编辑和自定义的最好实例。数据与模型分离可以带来两个显而易见的好处：一是模型不与具体的装备型号绑定，通过灵活的数据参数录入方式，可以满足各类军事应用的需求；二是可以分别为仿真系统与数据确定不同的密级，有利于保密工作的开展，进而促进系统的大规模配发、使用、改进、提高，形成良性循环。

虽然美国的作战仿真系统已发展到相当规模，但是目前美国作战仿真系统仍然存在许多制约深入发展的瓶颈，如不同分辨率系统的协调互联，复杂大系统建模与仿真的校核、验证与确认，高速实体的时间同步，远程异地海量数据的实时交互，智能作战建模仿真等问题，目前都很难较好地解决。

4.3 作战试验验证

兵棋推演和仿真分析这两种验证方式还属于虚拟仿真层面，而想检验美军提出的作战概念是否切实可行、对军队战斗力提升，还需经历实战考验。因此，美军还通过各种大项演习、演练或支援他国战争等作战试验的方式对作战概念进行检验并优化。

本节重点介绍美军在俄乌冲突中的马赛克战应用、先进作战管理系统的军事应用及美国陆军融合工程的发展,通过具体的军事案例分析总结了美军作战概念的实际价值,对我军的作战指挥有重要借鉴意义。

4.3.1　俄乌冲突中的马赛克战

在俄乌冲突中,美国凭借强大的"星链"系统,将马赛克战成功应用到了战场。"星链"一参战,就对战场态势和走向产生了巨大影响,既包括残酷血腥的物理战场,也涉及新开辟的数字战场和认知战场。尽管俄军拥有物理战场的制空权和明显优势,但乌克兰在"星链"和美军的支持下,将物理战场、数字战场和认知战场统筹作战,成功抢占制数权和话语权。

马赛克战,强调突出三个方面:一是"以网代链"——用"杀伤网"取代"杀伤链",防止打击链路断裂;二是"以分布代集中"——作战管理由集中转向分布式,防止斩首瘫痪;三是"以自适应代固定"——将固定的作战力量编成转换为自适应体系重组,防止被"一锅端"。

而"星链"提供卫星通信与传输、卫星成像、遥感等服务,是美军马赛克战概念中杀伤网的战略支撑,还是一个比 GPS 影响更加深远的军民融合系统,让美军成为全球第一支用杀伤网取代杀伤链的军队。

在俄乌冲突中,刚开始俄军全面进攻,一度让乌军指挥通信失灵。随后"星链"参战,俄军就吃了大亏。后来,俄军慢慢地找到了对付"星链"的办法,压制住了"星链",俄军才开始掌握战场主动权。可见,"星链"参战前所未有地影响着战场态势和走向。

第一阶段:俄军全面进攻(2022 年 2 月 24 日—2022 年 2 月底)。俄军想借鉴 1989 年美国入侵巴拿马,采用闪电战五路进攻,15 小时推翻诺列加政府的战法。事实上,俄军空袭基铺未能实施饱和打击,俄军地面部队从北、东、南三个方向进攻,伞兵奇袭基辅安东诺夫机场未果,未能达成快速斩首、速战速决的目的,被迫暂缓进攻。

第二阶段:俄军重点进攻(2022 年 3 月—2022 年 6 月)。俄军重点进攻顿巴斯地区。3 月 1 日,乌克兰副总理费多罗夫宣布"星链"参战,迅速成为乌克兰维持对外联络和指挥军队的核心装备。俄军黑海舰队旗舰"莫斯科"号被击沉,俄军黑海舰队副司令员安德烈·帕利等高级将领被乌军斩首,"星链"发挥了巨大作用。

第三阶段:乌军反攻(2022 年 7 月—2022 年 10 月)。乌军从俄军手中夺回 3000 多平方千米土地。北溪 1 号、北溪 2 号管道和克里米亚大桥被炸毁。"星链"在战场中的作用越来越大。

第四阶段:相持消耗(2022年11月至今)。乌军对俄罗斯展开规模空前的无人机大战和无人艇大战。2022年12月,俄军开发出"星链"终端探测雷达——"白芷"。2023年8月13日,俄国防部首次公布俄无人机击毁乌军"星链"终端视频。说明俄军已掌握对付"星链"的办法。

总之,"星链"成了乌军不可或缺的法宝,无"星链"不作战,4.2万个"星链"终端可以武装到班排。乌克兰官员表示,截至2023年5月初,乌克兰境内每天约有15万"星链"用户。乌军士兵也称赞说,"星链"极大改变了战场态势,使无人机操作员能在一分钟内找到并打击目标,而使用该技术之前实现以上目标需要20分钟。

(1)"星链"让乌军率先实践"分布式作战管理"。"星链"不仅可以全方位侦察监视俄军行动、传输情报,而且可以把战场的"单向透明"变成"单向赋能",让乌军具有实时、指挥、控制能力,灵活地实施分布式作战管理。据央视报道,俄乌战事爆发500天,乌军利用无人机反攻。正在乌克兰南部参与反攻的乌军第47旅将一座营级指挥所设在秘密的地下掩体里:指挥官密切关注着大屏幕上数十架无人机传回的信息,向前线炮兵下达指令。这种指挥所跟着"星链"走的灵活分散的指挥方式,就是美军在马赛克战中讲的"分布式作战管理",也可以说是美军的"决策中心战"。

(2)"星链"让乌军数字游击战闪亮登场。在俄乌冲突中,乌克兰依靠"星链"和美军的远程指挥控制下,乌军探索出一种"接单式"打击方式:通过大量分散部署的小分队和武装民兵,在广阔的乌克兰战场打偷袭战、伏击战、运动战、骚扰战、狙击战,与俄军展开了一场数字游击战和人民战争。前期,是以"毒刺"和"标枪"为武器的游击战;后期,是以无人机和无人艇为武器的游击战。

乌军这种拉着"星链"打游击的数字游击战,正好符合美军在马赛克战中作战力量"自适应体系重组"的特点。

4.3.2 美国空军先进作战管理系统

先进作战管理系统(Advanced Battle Management System,ABMS)是美国空军面向未来而打造的多域一体的先进作战网络,是美国空军实现"以平台为中心"向"以网络为中心"转型的集中体现。ABMS作为新一代网络信息体系,是典型的复杂系统形态装备,采用了独特的研发模式和转化机制,是研究美军联合全域指挥控制能力的重要案例。

ABMS 体系架构由一系列平台、传感器、网络和数据链组成，它们通过安全云互连，以在联合全域环境下执行感知、判断和行动。其中，数字基础设施是实现 ABMS 功能的基础，支持构建军事数字网络环境。美军已先后多次对 ABMS 进行了实地演示试验。

案例一：2019 年的实地演示试验。

2019 年 12 月 16 日至 18 日，在佛罗里达州埃格林空军基地进行的名为 OnRamp 的首次 ABMS 实地演示试验中，美军联合部队采用 ABMS 项目开发的新方法和技术，实时收集、分析和共享信息，最终识别并挫败了模拟巡航导弹对美国的威胁，从而实现了 JADC2 概念。

这次测试假设的想定是在检测到 QF-16 靶机模拟的巡航导弹威胁本土的情况下，美军作为防御方，使用为 ABMS 开发的新软件、通信设备和"网状网络"快速连续地将信息传送给部署在墨西哥湾的"伯克"级驱逐舰"托马斯·哈德纳"号。同样的信息也传递给了空军的 F-35A 双机编队和另外的 F-22A 双机编队，同时接收信息的还有埃格林空军基地的指挥官、海军的 F-35 双机编队、一支装备有 HIMARS 火箭炮系统的陆军部队以及地面特种部队。

演习中展示了一个新的"网关"，其本质上是洛克希德·马丁公司、诺斯罗普·格鲁曼公司和霍尼韦尔公司共同打造的无线电和天线系统。由于 F-22 的机内数据链接（IFDL）和 F-35 多功能高级数据链接（MADL）计算机语言目前不兼容，所以两者难以交换数据。而 ABMS 组件可用于在 F-22 和 F-35 之间提供翻译服务的无线电天线系统的"gateway ONE"，以解决这个问题。由此可见，ABMS 本质上是国防部"为军方建立物联网"的第一步。

案例二：2020 年的实地演示试验。

2020 年 8 月 31 日至 9 月 3 日，美军开展了第二次正式的 ABMS 大型演示试验。这一次的 OnRamp 规模比第一次更大，包括 70 个行业团队、海岸警卫队在内的 65 个政府团队、35 个军事平台、30 个地理位置和 4 个国家测试场。

此次演示试验的想定为：俄罗斯侵犯了美国海外利益，美国为此采取军事威慑行动。随着局势的迅速升级，俄罗斯采取了网络攻击干扰美国通信和成像卫星并对其进行激光干扰等行动。最后，从空中和海上对美国本土发射了六枚常规巡航导弹。

此次演示试验最大的亮点是通过 4G 和 5G 网络以及云计算来利用数据实现"杀伤链"的方式。"只需要几秒钟，而不是几分钟"就能实现杀伤链。此次演示试验使用了约 60 种不同类型的数据传输手段。所有这些计算机处理都需要很大的带宽。对于全域指挥控制和一个完全网络化的战场，带宽是关键挑战之一。获取带宽已经成为一个难题,而且在战斗中由于敌人对卫星和通信链路的攻击,带宽必然会变得更为有限。

因此,ABMS项目的主要任务之一是为作战人员开发安全的云网络能力。据威尔·罗珀介绍,ABMS已经开发了一种战略层面的云即cloud ONE,并且正在研究一种被称为edge ONE的战术边缘云。当与中央数据云的连接中断时,edge ONE应用程序将允许将数据保存到用户端,而一旦重新建立连接,将自动更新数据。

对于此次演示试验的最后一个阶段的关注重点——基于"敏捷作战应用"新兴概念的蓝军在全国各地调动部队的能力,因一些站点受天气问题影响,四个不同的国家试验靶场间的连通不够理想,这反映了ABMS还需要处理现实世界中存在的问题。

案例三:"勇敢盾牌"2020联合演习。

2020年9月14日至25日,美军在太平洋举行了两年一度的"勇敢盾牌"演习。在演习期间,同时开展了美国空军第三次ABMS演示试验。

2020年的"勇敢盾牌"演习为在美军各军种间传输监视、瞄准及其他数据以更好地应对太平洋地区的威胁,提供了一个演练机会。

据美国太平洋舰队介绍,演习通过对一系列任务地区的探测、定位、跟踪以及在海上、空中、陆地和网络空间的交战,增强联合部队在现实世界的作战能力,包括海上安全行动、反潜和防空演习、两栖作战以及其他复杂作战的能力。

演习中,美军利用海军和空军的飞机、多艘巡洋舰和一艘快速攻击潜艇的火力击沉了已经退役的柯蒂斯号护卫舰(FFG-38)。安提塔姆号巡洋舰(USSAntietam)还利用海军陆战队提供的目标数据,用一枚战斧巡航导弹袭击了关岛附近的一座岛屿。演习还加入了虚拟训练,以模拟比真实场景中更多的飞机和舰船。

据关岛安德森空军基地第36空军远征联队指挥官布莱恩·鲍德温(Brian-Baldwin)称,此次演习使用了不同的ABMS备选产品来连接前方多域战中心的联合部队。前方多域战中心设有一个由各军种代表组成的联合火力单元,并与多域特遣部队、航空母舰战斗群以及空军的各站点连接。软件将部分过程自动化,比如提取空中任务指令(ATO)信息,告诉飞行员何时应该与加油机会合加油,以及他们应该飞哪条路线。

ABMS的另一个应用为指挥官们显示可以用于存储资源以及起降飞机的各基地的实时状态。部署在作战中心的该软件可帮助部队考量如何在设施受到威胁或没有正式基础设施的地区部署兵力。

此次"勇敢盾牌"演习测试了利用一个多架飞机组成的编队与其他飞机"通话"并在战场上对它们进行引导。部署在夏威夷的 KC-46 加油机安装了多个 ABMS 云网络共享应用,KC-46 加油机与 F-22 战斗机群和一架 C-17 运输机在夏威夷基地外一起构成一个前沿节点,从而支持广泛区域的联合作战并通过这一网络增强数据共享。2021 年 5 月,美国空军表示为 KC-46 采购一个通信吊舱,这是 ABMS 推出的第一个"释能 1 号"(CR-1)计划。

演习中,空军人员与海军航空母舰战斗群的部分装备如战斗机和指挥控制设备进行通信。第三航空母舰战斗群指挥官詹姆斯·艾肯(James Aiken)称,通过联合全域指挥控制,海军能够实际利用空军的 F-22,F-22 成为所有军种的兵力倍增器。

受新冠疫情影响,此次 ABMS 演示活动在一定程度上被缩减,包括未能实现威尔·罗珀原本希望的第三次 ABMS 演示中能展示的 XQ-58"瓦尔基里"连接到有人驾驶飞机并执行传统"僚机"功能的能力,以及"瓦尔基里"号能够再次承载 ABMS gateway ONE 以使 F-35 和 F-22 进行机对机通信的设想。

美军太平洋空军司令肯尼斯·威斯巴赫(Kenneths. Wilsbach)表示,希望这次演习能向美国印太司令部的部队展示如何保持通信顺畅。他表示,希望能有备用通信手段,能够随时与所有人通信,这样通信就很难被阻断。做到这一点的方法是采用多层次的、网络化的系统。美军方仍在努力解决如何在类似太平洋的地区更好地分享信息并迅速做出反应的问题,因为在那里作战资源可能远隔千里,并可能会被信号干扰机或其他武器干扰。

ABMS 演示展示了新的 C2IMERA 软件(发音为"奇美拉",由 Leidos 开发),以演示如何整合来自无数传感器的数据,从而为模拟"总部"基地和小型前向作战基地(FOB)指挥官提供同步战场态势感知。它的成功证明了对"灵活快速部署"(ACE)战术理念的指挥控制新能力并支持"受攻击的后勤"的发展战略。ACE 是空军的一项工作,目的是将作战行动从几个大型基地分散开,以包括登台哨所,例如民用机场或设施简陋的边远地区。弄清楚如何确保在与俄罗斯和中国的高端战斗中的物资供应,不仅是空军的重中之重,也是陆军不断发展的联合作战的关键概念——以陆军为主要服务对象,充实如何重新思考传统的后勤训练方法。

案例四:2021 年的实地演示试验 OnRamp-4。

美国空军计划进行一系列 ABMS 演习,每个演习由不同的全球司令部负责,首次演习在欧洲完成。美国驻欧洲空军司令部在在 2021 年 2 月底举行了"ABMS"新一轮实地演示试验活动。美驻欧洲空军司令部司令杰弗里·哈里吉安(JeffreyL. Harrigian)上将表示,此次演示活动历时八个月才完成规划。这也是美国空军举行的第四次 OnRamp 系列演示活动。这次演习邀请了盟友参加,并利用新的联合全域指挥控制能力,提高情报、监视、侦察(ISR)的速度。

此次活动的空战场景为美国空军 F-15C 战斗机掩护 F-15E 战斗机飞抵波罗的海海域,接收美国空军第 603 航空作战中心等提供的瞄准和指控信息,随后发射 AGM-158"联合空地防区外导弹"(JASSM)。这批 F-15 是驻英国莱肯希斯空军基地的美国空军第 48 联队。美军参演机型还包括从英国米尔登霍尔空军基地起飞的 KC-135 加油机、C-17 运输机和海军 P-8A 巡逻机。与此同时,美国空军还与荷兰空军的 F-35A 战斗机在德国拉姆施泰因空军基地进行了基地防御演习,内容包括联合部队和合成单位共同防御敌方无人机和巡航导弹攻击。F-35A 战斗机担任防御单位与美国陆军第 10 防空反导司令部(AAM-DC)之间的通信链。

美国太空军第 16 太空控制中队在演习中提供了"通信环境多波段评估"能力,美国太空探索技术公司(Space X)的"星链"低轨卫星星座也参与了演习。美国空军其他参演单位还包括驻蒙大拿州马姆斯特罗姆空军基地的第 341 导弹联队、"凯塞尔航道"(KesselRun)软件实验室和空军寿命周期管理中心(AFLC-MC)第 12 分队。"凯塞尔航道"(KesselRun)软件实验室提供了"指挥和控制、事件管理和应急响应应用程序"。

案例五:2021 年的实地演习试验 ADE-5。

美国空军部首席架构师办公室于 2021 年 7 月 8 日至 28 日进行了 ABMS"架构演示与评估"(ADE)演习实验,旨在整合商业技术以实现决策优势,范围涵盖所有 11 个作战司令部,并与美国太平洋空军、美国北方司令部、国防部联合人工智能中心(JAIC)和情报与安全部副部长办公室(OUSDI&S)进行了合作。

美国空军此类演习以前称为 ABMS"OnRamp"演习,现更名为 ADE 演习,此次演习继承此前 OnRamp 系列的序列号,称为 ADE-5。此次实验结合了三大主要支柱,以实现敏捷的国防部决策优势任务的架构:

(1)来自空军和太空部队的新兴技术和作战概念;

(2)第三次全球信息优势实验(GIDE3);

(3)"太平洋钢铁 2021"演习(Pacific Iron 2021)。

第五次"架构演示与评估"(ADE-5)的目标是实现一个集成的任务架构,无论是在竞争还是冲突中,从战斗指挥到边缘节点的任何地方都可以实现人工智能支持的决策优势。ADE-5 综合目标包括:提高竞争和危机中全球行动的作战域感知;通过人工智能增加信息优势;通过制定可行的威慑行动方案来提高决策优势;通过快速的跨战斗指挥协作增加全球整合;通过集成的、分布式的、弹性的通信、计算和软件提高敏捷决策的优势,从而在作战边缘实现敏捷战斗运用。

除了这些总体目标外,首席架构师办公室还进行了关键使能技术的实验:①与美国国防部联合人工智能中心(JAIC)合作,通过战略、作战和战术层面的软件应用人工智能来实现决策优势;②增强太平洋空军部署通信团队的能力,采用商用成熟网络技术和商业通信路径,以提高带宽、稳定连接并提高网络弹性;③推动商业和政府边缘计算和存储能力的灵活性,以帮助作战人员在分布式作战期间访问任务应用程序;④支持机密等级下的移动、中断和分布式操作,使用移动设备作为计算平台通过商业卫星和地面蜂窝网络运行机密应用程序;⑤与美国国防高级研究计划局(DARPA)合作,通过STITCHES(异构电子系统之系统技术集成工具链)集成自动数据翻译和威胁跟踪融合的能力。ADE5 还启动了STITCHES 工具链从 DARPA 到空军的转移工作。

"架构演示与评估5"(ADE-5)的成果,及其与第三次全球信息优势实验(GIDE3)和"太平洋钢铁2021"敏捷战斗运用演习的合作,正在塑造新的作战概念,并涵盖广泛的投资倡议和计划——例如商业卫星集成、下一个 ABMS 能力发布、"火箭货运"先锋计划和"敏捷战斗运用"后勤与弹性计划,旨在实现集成决策优势和敏捷、分布式作战。

4.3.3 美国陆军"融合项目"

融合项目,又名"汇聚工程",是美国陆军为支撑2035年前现代化转型建设,继成立未来司令部、提出"多域战"概念后,打造的又一张新"名片",目前已成为美国陆军最具吸引力的年度大型演示实验活动。该项目最初面向美国陆军举行,目前已扩展到美军各军种。"融合项目"是对新兴技术(实验网络、人工智能)的放大展示。美国陆军未来司令部是开发联合全域指挥与控制(JADC2)概念的服务代表;作为"融合项目"的一部分,陆军未来司令部进行了一系列实验,证明了该军种提供进入联合和联盟网络的能力。

▶▶ 1. "融合项目2020"(PC20)

"融合项目2020"(简称PC20)是美国陆军首次演习实验,重点围绕探索未来作战环境、推进多域战概念开发、验证关键技术解决方案等目标展开,演练美国陆军弹性力量编组、作战流程优化及增强态势感知等内容。

2020年8月11日至9月1日,"融合项目2020"在美国亚利桑那州尤马试验场举办,参演人数约500,旨在验证"多域战"概念,测试部队联合作战能力。PC20旨在提供信息以支持以下决策:

通过制定作战组织方式来改变军队的作战方式;强调优化运营流程的机会;发展军队对敌人威胁的可视化、描述、决策和行动方式;建立士兵和领导者对应急技术的信任。

PC20演习融入美国陆军在研的"增程火炮""精确打击导弹""自动驾驶运输车""机器人战车""无人机系统"等项目。此次演习集中于陆军所谓的"近距离作战",在最低作战级别整合新的使能技术,使战术网络能够促进更快的决策。在单位层面上,PC20侧重于旅级战斗队(BCT)、战斗航空旅(CAB)和远征信号营-增强型(ESB-E)。在系统层面,PC20涉及陆军的MQ1C灰鹰无人驾驶飞行器(UAV)、空中发射效应(ALE,一种多用途的直升机发射系统),以及陆军在战斗中使用的战术网络——指挥、控制、通信、情报和计算机系统。

PC20的一项实验包括使用低轨卫星和灰鹰无人机对空中目标进行感应,以及使用地面系统探测目标。来自这两个系统的数据被传回华盛顿刘易斯·麦科德联合基地的一个组织,在那里对目标进行处理。随后,数据被传回尤马试验场,再传回一个系统,该系统通过自行火炮系统(如目前正在开发的远程加农炮(ERCA)系统)、灰鹰或其他地面平台与目标交战。整个过程应该在20秒内完成。

▶ 2."融合项目2021"(PC21)

"融合项目2021"(简称PC21)演习于2021年10月在美国亚利桑那州的尤马试验场、新墨西哥州的白沙导弹靶场、北卡罗来纳州布拉格堡等8座军事基地同时展开。虽然在2021年进行了其他支持性演习和实验,但PC21主要是2021年10月12日至11月10日在位于美国的一些设施中进行的系列实弹活动。这是继PC20演习后,美国陆军第二次举行旨在测试各类在研高精尖技术的融合性演习。

仅仅是第二次举行,"融合项目2021"演习就成为美国军方最重要的试验项目,用于测试联合全域指挥与控制的新技术。此次演习采用了约110项技术,是2020年的三倍,其中约有35项技术来自其他军种。亚利桑那州的尤马试验场和新墨西哥州的白沙导弹发射场的沙漠中,PC21进展到联合、多领域的一系列交战。利用海军在新墨西哥州白沙导弹发射场的沙漠舰,海军与陆军的空中和地面资产协调作战,空军用先进战斗管理系统把联合部队联系起来,形成网络。

海军陆战队的 F-35B 战机提供更快、更有效的火力,自动处理目标数据,减少了人类的参与;特别行动小组提供人类情报和地面侦察,为战斗网络提供无法从技术手段获得的数据。美军认为,该演习地位作用堪比第二次世界大战时期的"路易斯安那大演习"。

PC21 比 2020 年的演习规模要大得多,参与的部门包括海军、空军和太空部队,事实上成为军方实际展示全域联合指挥控制的方式。据报道,此次演习的参演人数达 7000,仅数据收集人员就达 900,还有 70 多个不同的行业合作伙伴参加。参与人员还包括第 82 空降师部队和来自海军、海军陆战队和太空部队的其他人员,并将北卡罗来纳州布拉格堡的参与者吸引到白沙导弹靶场,以模拟印太司令部地区更大的战场。

美国国会研究服务处报告指,陆军在 PC21 期间的一些目标包括确定使联合部队能够穿透对手的反介入/区域拒止(A2/AD)能力的技术,以及确定执行联合全域作战概念需要哪些新兴技术。陆军还研究了"如何将人工智能(AI)、机器学习、自主性、机器人技术以及通用数据标准和架构纳入其中,以便更迅速地在多个作战领域做出决策"。

PC21 包括诸如陆军多域特遣部队(MDTF)等单位,该部队位于华盛顿的刘易斯-麦克乔德联合基地,以及来自北卡罗来纳州布拉格堡的第 82 空降师的成员。据报道,其他军种的主要能力也进行了测试,包括海军陆战队的地面/空中任务导向雷达(GATOR)、海军的 SM-6 导弹,以及空军的 F-35 战斗机和 B-1 轰炸机。

陆军在 PC21 期间验证了七种情景,分别为:

测试联合全域态势感知,并将空间传感器纳入近地轨道;对敌人的导弹攻击进行联合防空和导弹防御作战;在部队从危机过渡到冲突时开展联合火力行动;执行半自主补给任务;执行 AI 和自主侦察任务;利用综合视觉增强系统(IVAS)执行空中突击任务,IVAS 是士兵佩戴的一种平视显示器,可增强态势感知能力;发动车载 AI 攻击。

▶ 3."融合项目 2022"(PC22)

"融合项目 2022"(简称 PC22)预计今年 9 月举行,参演力量将扩展至美国诸盟友。前美国陆军部长瑞恩·麦肯锡表示,"融合项目"已成为美国陆军最重要项目,系列作战实验或将持续 10 余年。

在 PC22 中,陆军计划将盟国和合作伙伴纳入其中,重点是澳大利亚、加拿大、新西兰和英国等近邻盟友和安全合作伙伴。该项目将扩大到联合特遣部队

(CJTF)层面,并将更多的技术和资产带到战场上。目标是通过冲突进行锻炼,并返回到冲突的竞争水平。除了联合特遣部队(军团和师级)外,陆军还计划组建一支多域特遣部队(MDTF),多个旅级战斗队(BCT),以及盟军和合作伙伴任务指挥分队。

PC22 计划纳入两个情景,反映两个作战司令部——美国欧洲司令部(USEUCOM)和美国印太司令部(USINDOPACOM)的选定优先事项。这些方案的目标包括:

建立一个综合防空和导弹防御网络;击败反介入和区域拒止防御系统;研究取得相对于潜在对手相对优势地位的方法;评估现有和新兴系统,以击败对手进行复杂、大规模攻击的能力;验证作为联合(与其他军种)和集成(与盟友和合作伙伴)部队进行连贯作战的权力和政策;在大规模的作战行动中,通过在广泛分散和有争议的地区进行预测性的后勤保障。

4. "融合项目 2024"(PC24)

"融合项目 2024"(简称 PC24)将分两个阶段、在两个地点实施,并与此前未参与的伙伴国一起实施。

第一阶段在加利福尼亚州彭德尔顿陆战队基地举行,目光锁定在印太地区。拜登政府认为该地区对国际稳定和贸易至关重要,这里有一些世界上最大规模的军队,如中国和印度军队,以及一些最大的港口。陆军未来司令部副司令罗斯·科夫曼中将在美国陆军协会年会上接受媒体采访时表示,那里的行动将集中在空域、海域、太空域和网络域,并聚焦跨军种合作、进攻与防御火力,并确保正确的传感器在正确的时间向正确的部队提供正确的信息。

第二阶段在加利福尼亚州的欧文堡实施,重点聚焦陆上作战,并将有外军参加。科夫曼说:"这是陆军的一项工作,需要整个陆军、联合部队和我们的联盟伙伴国真正吸取演练的经验教训,这样我们才能共同转型,才能在未来的战场上获胜。""我们学到的经验教训适用于全球。它们可以应用于欧洲,适用于非洲,也可以用于太平洋地区。"

第 5 章
美军作战概念实战运用

5.1 作战概念应用重点方向

5.1.1 印太方向

"印太"是指印度洋-太平洋地区的地理空间。近年来,印太地区经济崛起及其带来的海上贸易,使印度洋、太平洋海上通道对地区乃至全球经济具有重要意义。"印太"地区有世界近一半人口,囊括充满活力的东北亚、东南亚以及资源丰富的中东和非洲,还包含了世界上几个全球商贸咽喉要道。在地缘战略上,"印太战略"是一个将"西太平洋和印度洋视为一个战略弧"的体系。传统观念中,太平洋和印度洋各自独立,但地区局势新的发展开始激发一种将太平洋与印度洋看作整体的战略视角。

近年来,美军还针对"印太"地区提出了"分布式杀伤""敏捷战斗部署"等作战概念,不断强化第一岛链内前沿威慑,加快第二、第三岛链之间太平洋岛屿国家战场建设,其核心思想是利用第二、第三岛链之间数量众多的岛屿实施广域分布式作战和"跳岛"作战,提升"印太"地区美军的战场生存能力。

面对印太潜在军事冲突的可能场景,美国强调加强高端常规战争能力。高端常规战争能力不同于反恐、反游击、治安战所需要的能力。在采办计划、军力准备、演习和作战实验等方面,美军都已开始加速和扩大强国间常规对抗的能力范围。

5.1.2 中东方向

中东,是指地中海东部南部到波斯湾沿岸的部分地区。在地理上,中东包括西亚(除阿富汗)和部分北非地区(即埃及),是非洲与欧亚大陆的亚区。政治概念上的中东问题系指阿拉伯国家(包括巴勒斯坦)与以色列之间的冲突问题,也称巴以冲突。中东问题是资本主义列强争夺的历史产物,也是世界上持续时间最长的地区热点问题。中东问题的核心是巴勒斯坦和以色列领土问题。

冷战结束至伊拉克战争期间,美国在中东地区的霸权地位达到顶峰。近年来,美国在中东影响力虽有衰减,但仍竭力维护在中东的霸权,并对中东地区的发展产生诸多消极影响。美国大力打压地区的反美势力,破坏相关国家的发展和稳定,美国频频对中东国家和非国家行为体,如伊朗、叙利亚、胡塞武装等发动经济制裁,不仅阻碍地区国家发展,而且带来严重的人道主义灾难。过去10年,由于美国主导国际社会施加制裁,伊朗损失了约4500亿美元的石油收入。值得注意的是,美国虽然不再轻易在中东开展大规模直接军事干预,但频频通过代理人战争、无人机战争、雇佣军战争等形式间接军事干预,多次对伊拉克、叙利亚的亲伊朗武装力量发动无人机袭击,加剧地区紧张,破坏地区稳定,阻碍地区和平。

2023年以来,中东地区的传统安全问题依然严峻。巴勒斯坦与以色列爆发新一轮暴力冲突,以色列在约旦河西岸城市杰宁开展大规模军事行动,造成数百人死亡。2023年10月7日,巴勒斯坦伊斯兰抵抗运动(哈马斯)向以色列南部和中部地区发射大量火箭弹,其武装人员进入以境内展开军事行动。同日,以色列总理内塔尼亚胡宣布,以色列进入"战争状态"。

5.1.3 东欧方向

东欧(East Europe)指由波罗的海东岸至黑海东岸一线向东达乌拉尔山脉的欧洲东部地区,包括爱沙尼亚、拉脱维亚、立陶宛、俄罗斯、白俄罗斯、乌克兰、摩尔多瓦等国家。自俄乌战争以来,美国给乌克兰输送不少武器和装备,总援助超过上千亿美元。尽管美国国内反对持续给乌克兰援助,但拜登政府置若罔闻。援助乌克兰打仗,可以让美国军火商发大财,刺激美国军火工业,同时有利于大量欧洲资本涌入美国,缓解美国的经济危机。

北约将在俄边境展开大规模演练。据卫星网的消息,俄罗斯外交部称,北约毫不掩饰在演练应对俄罗斯攻击的行动。北约2024年春在德国、波兰和波罗的海国家举行冷战后最大的"坚定捍卫者"军演,演练覆盖多个欧洲国家,动用4多万名军人,美国还把装备投送到欧洲,并制定了相应的后勤计划。

东欧地区的军事冲突,就是美军"一体化威慑"战略的实践。北约正在举行的大规模演习,也被视为美国及其盟友"一体化威慑"行动的缩影。

5.2 典型作战概念特色与优势

5.2.1 网络中心战

网络中心战是信息时代技术发展的产物。它侧重于传感器、指挥控制和作战系统连接组网所产生的战斗力。这一概念建立在高水平感知共享能力基础上,旨在整合不同域(海、陆、空、天、电、网)中的联合作战组件。网络中心战的另一个重要特征是,通信传递的信息不仅仅限于语句,还包括实况视频数据和实时图像数据。显然,网络中心战概念所创造的技术和系统是马赛克战概念的关键推动因素。

网络中心战具有以下特点:

(1)"网络中心战"是一种利用和适应信息化时代的组织原则。该原则通过概念相关人员和军事组织的行为,采用新的思维模式,即以"网络为中心"进行考虑,并将其应用于军事行动,以更好地适应信息化战争时代。"网络中心战"不仅适用于作战行动,也适用于国防部其他业务的组织与实施。

(2)"网络中心战"是一种战争理论和战争理念,是信息时代的军事组织在组织体系、力量运用模式等方面的反映。"网络中心战"这一术语在广义上描述了综合运用一支完全或部分网络化的部队所能利用的战略、战术、技术、程序和编制,去创造决定性作战优势。"网络中心战"具有沟通和融合战略、战役和战术等不同战争层次的潜力,使得各层次间的界限不再清晰。此外,也不仅仅限于作战方面,还包括国防部内部运作、与国内机构和多国伙伴合作等。

相对于传统战争样式,网络中心战具有以下优势:

(1)"网络中心战"聚焦由有效连接和网络化作战要素生成的作战能力。采用"网络中心战"原则作战的军队,作战单元(要素或作战平台)在广阔的地理空间内高度分散化部署,使用联网的多种传感器平台,实时生成和利用高度共享的战场空间态势感知,进行自组织同步和协调行动,从而完成指挥官的决策意图。"网络中心战"核心要义是"信息共享"。稳健、完善的网络化武装力量具有较高的信息共享程度,信息共享与协作提高了获取情报信息的质量,使得实时、高效的战场态势感知成为可能。

(2)"网络中心战"将军事活动从传统的物理域空前拓展到信息域、认知域和社会域。物理域涉及部队机动到何处、何时和向何目标开火,以及进攻、防御等行动发生的位置。信息域涉及信息从何处来,在哪里处理和加工,以及由谁共享等。认知域包括个体和团队对战场态势的感知、认识、理解、判断、决策和评估等。社会域涉及个体人员与外界的认识、理解、判断、信息交换、相互影响和作用等。

(3)"网络中心战"通过信息优势转化为决策、指挥控制和力量优势,进而获得战场优势。在"网络中心战"环境下,己方部队的任务、力量规模和战场环境均高度透明。各作战要素共享战场态势感知的基础上,围绕共同的行动目标,高效、自同步和协调行动,加快指挥控制和决策速度以及作战节奏,进而提高执行任务效能。

5.2.2 分布式杀伤

"分布式杀伤"其制胜机理是,在应对美航空母舰战斗群时,对方如能发现航空母舰,便可推断出其他舰船的大致位置。而且,编队中各舰船承担的任务、攻击能力、威胁程度相对固定,可较容易地进行作战筹划,ISR 和火力资源优先分配顺序。然而,按照"分布式杀伤"概念的要求,美水面舰艇分散部署,各舰都具备攻击能力,且承担的任务、彼此关系不甚明确,将使对方很难确定 ISR 及火力优先顺序,极大增加对方整个杀伤链的压力,轻则使其观察、决策、行动速度大大降低,作战能力严重削弱;重则使其整个杀伤链前端饱和,陷入瘫痪,由此实现"慑止对手进攻,使其丧失达成目标的可能性,确立并保持海洋控制权,投送力量"等作战目标。

"分布式杀伤"概念的主要特点优势包括:

1. 增强作战平台的灵活性

"分布式杀伤"概念由美国海军水面部队司令部高层于 2015 年 1 月首次提出。这一概念针对美国海军在对手的"反介入/区域拒止(A2/AD)"作战环境中主要水面舰艇进攻性作战能力尤其反舰能力相对不足的短板,通过为现役巡洋舰、驱逐舰、近海战斗舰、两栖舰和支援保障舰船装备相应的反舰导弹武器增强水面舰艇部队(近期)的中远程反舰能力,把海上进攻性作战能力分散到更多的中小型水面舰艇上,从而使美国海军从整体上,在实施战略威慑和战役战术进攻方面减少对航空母舰的依赖性,增强水面舰艇力量在平时、危机和战时等各个时期运用的灵活性。

2. 提高分散行动作战平台的生存能力

在"分布式杀伤"概念下,水面作战单位将从以往大编组的航空母舰编队形式,转变为小编组的、由 3~4 艘巡洋舰、驱逐舰、近海战斗舰或其他水面战斗舰艇组成的"水面猎杀行动编队"(hunter – killer surface actiongroups),分散部署在广阔的战场空间,实施相对独立的作战行动。通过一系列相关兵棋推演,美国海军认为,上述兵力部署和运用方式,将使对手面对大量的可威胁己方海空兵力和海岸基础设施的水面目标,从而扰乱其攻击链的前端(即 ISR 环节),加大指挥控制的难度,迫使其投入更多作战资源应对分散在广阔战场空间中的大量水面目标,增加了作战行动的不确定性,从而在整体上提高己方海上兵力的生存性,更间接地提高了如航空母舰、大甲板两栖舰等高价值目标的生存能力。

3. 提高作战的独立性和自主度

"分布式杀伤"概念特别强调在电磁静默或辐射管制的环境下实施行动,以提高自身隐蔽性和加大敌方的侦察难度;但同时,这也给接受上级有效的指挥控制增加了难度。美军在《水面部队战略——重回制海》中指出,"必须能不顾战场损伤战斗到底,且能在指控受限环境下继续作战"。根据美军专家的观点,为有效组织分布式作战,需要打破美国海军合成作战指挥官原有框架,使新的整体框架更为紧凑,并应围绕执行"猎杀"任务的水面舰艇编队进行设计,从而减少对特定指挥官或协调员的依赖,消除人员对作战的外在干扰。如目前美国海军舰艇指挥官有监管舰载武器系统(核武器除外)的权力,但直接控制权在上级指挥机构。而随着像"战斧"巡航导弹这样远程武器系统逐渐可用于反舰战,上述由上级指挥机构紧握的武器系统控制权必须打破。因此,美国海军专家认为,"分布式杀伤"要取得成功,就必须为独立作战单元(自适应部队单元)下放任务指挥部门、武器发射部门和武器支持系统的权限;让海军指挥官们应该被告知做什么,而不是如何做,获得充分的指挥权限。

5.2.3　马赛克战

2019年9月,美军正式提出重塑竞争力的"马赛克战"概念,试图打造一个由先进计算传感器、多样化集群、作战人员和决策者等组成的具有高度适应能力的弹性杀伤网络,将观察、判断、决策、行动等阶段分解为不同力量结构要素,以要素的自我聚合和快速分解的无限多种可能性来降低己方脆弱性,并使对手面临的问题复杂化,从而制造新的战争"迷雾"。这一理念汇集了作战云基础设施、多域指挥与控制、忠诚僚机等多个作战概念,体现了美军应对大国博弈的最新作战理念与思想。

兰德公司的报告中还列出了"马赛克战"系统的6个主要特征:

(1)分散性。多平台和多平台类型通过共用数据网络连接,将功能分散到更多小平台,而不是集中在少量综合平台上。

(2)异构性。系统根据需要由各种数量的多军兵种/多机构平台组成并形成独特能力。

(3)快速可组合性。根据不同威胁制定针对性应对策略,并快速引入新效应或新能力。

(4)系统架构。复合型系统架构,并且能够快速演进多维度关系。

(5)可扩展性和多系统协同。能够根据需要向上和向下集成扩展的联合多域装备,以便同时执行大量攻击。

(6)人工智能/机器学习和自主。由于系统规模可能受到人类决策能力的限制,因此显著依赖人工智能/机器学习。

"马赛克战"具有以下3个优势:

(1)设计敏捷灵活,适应性强。"马赛克战"旨在解决未来战略环境的需求和现有部队短板。"马赛克"反映了更小部队结构元素如何被重新排列成许多不同配置或部队的理念,像艺术家创作任意数量图像的小块、不同颜色瓷砖一样,马赛克部队设计采用多种多样、分类的平台,与现有部队协作来打造一个作战系统。这种设计确保了美国军队在竞争环境中的有效性,以及由此产生的部队在整个军事行动中的高度适应性。

(2)技术底蕴深厚,创新性强。"马赛克战"通过采用高弹性的冗余节点网络来获得多条杀伤路径,使整个系统更具生存性。通过将高性能、高端系统的特性与更小、成本更低、数量更多的部队元素所提供的体积和灵活性结合起来,确保了这些部队元素可以重新排列成许多不同的配置。当这些小元素组合成一个马赛克部队时,通过创造能够有效针对对手系统的软件包,就好像搭起乐高积木一样,支撑完成作战 OODA 循环和杀伤链。为此,马赛克战提供了一种新的部队设计,以优化美国部队和未来系统战的作战概念。

(3)注重效果累积,目的性强。"马赛克战"在制胜机理上是从整体上塑造态势,接受每步不那么完美的解决方案,强调各个环节和要素的协调高效运行,通过灵活的无人系统和人机混合智能协作,可从多个方向、多个维度向对手同时进攻,给对手产生一系列"迷雾"和决策困扰,以期不断累积作战效果,直至达成最终效果或对方系统崩溃。

5.2.4 联合全域作战

2020年7月22日,美国参谋长联席会议主席马克·米利要求各军种分别开发未来"联合全域作战"总体概念的某一特定部分,该概念设想跨陆、海、空、天、电、网实现协作。在"联合全域作战"概念之下,有4个正在编写的功能概念,分别是指挥控制、火力打击、信息优势、对抗性后勤。空军负责联合全域指挥控制,海军正在考虑全球和联合火力打击,陆军在考虑后勤保障,以及在受到袭击时如何进行后勤保障。目前各军种已经互派联络官,组成多军种小组,研究新想法思路。联合全域作战旨在描述未来由全部作战领域构成的作战空间实施联合作战所需的能力要求,全域作战将是美军未来的主要作战样式。

"联合全域作战"具有以下特点:

(1)作战单元拥有域属性。全域作战,其作战力量和作战行动均具有域属性。域,目前主要是以战争涉及的作战域为视角,主要包括陆、海、空、天、电、网6个作战领域。未来,随着现代科技、武器装备的发展,战争可能向新的作战域拓展延伸。

(2)注重发展全域指挥能力。为了达成全域作战目标,形成全域优势,需要发展全域指挥能力。只有具备较高的全域指挥能力,才能够使得各域力量在行动上协调配合,各域作战效果相互利用、叠加增效。

(3)需要依托信息网络。为了支撑全域作战和全域指挥,必须以网络信息系统为基本依托,为各域作战力量提供"动态组网、直达链接"的信息网络。

(4)依赖智能指控决策能力。在智能决策算法支持下,协同调度分布在各域的作战力量,才能实现作战单元、作战要素和作战平台之间同步协调。

如表5-1所列,与单个作战域能力相比,联合全域作战力量具有几大优势。

表5-1 联合全域作战优势比较

	链条式杀伤链	系统之系统	适应性杀伤网	马赛克战
概念举例	一体化火控防空(NIFC-CA)	系统之系统(SoITE)		
描述	现有系统的手动一体化	为多种战斗配置准备的系统	在任务开始前选择预定义效能网的半自主能力	在战役中构建新的效能网的能力
优势	拓展有效作战范围;增加交战机会	实现更快速的一体化和更多元的杀伤链	允许任务前调整;更具杀伤性,迫使敌人面对更大复杂性	可适应动态变化的威胁和环境;可同时应对多场交战
挑战	静态系统;构建时间长;难于运行和扩展	每一架构的适应能力有限;无法动态增加新功能;难于运行和扩展	静态的"行动规则";有限的杀伤链数量;可能无法很好地扩展	扩展受到人类决策者的限制

(1)多域协同制胜。正确使用和协同多个领域力量的原则是联合部队能够优化来自电磁频谱和信息环境等领域的能力,弥补作战环节的漏洞,产生优于各部分总和的整体效果,进而创造出单一领域行动无法实现的效应。

(2)可选择多种打击形式组合。多种打击形式组合使美军及其友军指挥官避免依赖单一的侦察或打击方法。跨军种、跨部门和跨国部队之间的互操作性是多域战的关键要素。多域指控是实现互操作性的重要保障。

(3)获取信息优势。取得己方决策优势是实施"联合全域作战"的出发点。一方面,"联合全域作战"的基础仍然是信息优势:基于联合全域指挥控制可以融合所有作战领域的感知信息,构建更为全面的战场态势,帮助决策者理解来自不同领域的信息关联及其对联合部队行动的影响,从而大大改善感知和判断。另一方面,"联合全域作战"的关键在于建立己方决策优势:在掌握全面的战场态势的基础上,通过高效行动,实现己方正确决策,同时使得敌方做出错误决策。"联合全域作战"仍然是基于观察、判断、决策和行动(OODA)理论,不同于"通过加速 OODA 循环以达成作战优势"的传统理念,"联合全域作战"更侧重于控制决策(D 环节)和行动(A 环节)的节奏。通过在决策和行动之间建立自适应的反馈过程(可称为"内部小循环",或命名为"DA 循环"),决策效果体现在行动上,并根据行动结果调整决策,达成扰乱敌方决策的目的,即使敌方陷入"决策困境"。如此循环,从而达成作战优势,提升战场适应性、韧存性和杀伤力。

(4)敏捷支援。为实现"联合全域作战",美军部队必须具有支持流程,在所有作战领域实施及时、精确、快速的敏捷支援,以保证各领域不同的作战节奏,实现在竞争战场上持续作战。

(5)全域保护。随着敌方感知能力和对固定阵地的攻击能力的增强,保护友军部队将变得更加困难。在"联合全域作战"中,美军需要重新分析评估伪装、隐蔽、军事欺骗等能力在各作战域的应用;在保证资源有效性的情况下进行灵活、分散部署;并在作战前对资产的实体保护以及网络空间和电磁防护进行规划。

(6)弹性的后勤支持。为实现作战灵活性,美军系统必须简单且模块化,以易于在前线维护。"联合全域作战"要求美军转变对静态基础设施、集中控制的高效后勤、专业性过高的维修设备和材料以及大型承包商的依赖,实现能够灵活响应并快速部署的机动后勤能力。

5.3 作战应用案例

5.3.1 伊拉克战争与"网络中心战"

伊拉克战争,可作为人类战争史上第一场"网络中心战"加以研究。2003 年 3 月 20 日,美英联军对伊拉克发动进攻,行动代号"自由伊拉克",主要军事行动历时43天结束。伊拉克战争中,美军联网作战大大提高了信息共享水平、态势感知能力、指挥和决策速度、作战协同、杀伤力、生存力、响应速度、作战效能,从而大大缩短了战争进程。

信息优势是美军轻松取胜的关键。伊拉克战争中,美军动用了几乎所有ISR手段,构建了庞大的空、天、海、陆一体化ISR网络。太空有大量卫星构成监视网络,低空、中空、高空有侦察飞机对伊军阵地进行扫描侦察,地面上布设了大量各种类型传感器提供实时感知,使用特种部队渗透等。战争期间的"自由伊拉克"行动中,美军广泛使用远程先进侦察监视系统、无人机等战术传感系统、战术卫星、无线电系统和网络化信息系统,构建了前所未有的信息化作战环境,保证美军以更快作战节奏、更分散部署、更高效地行动,作战信息网络质量、信息共享程度和能力、指挥官信息获取能力和交流质量、指挥控制效率、部队灵活性、决策和计划的制定速度以及行动同步性等均得到大幅提高。

美军将相对伊军的信息优势转化为压倒性的作战优势。美军实现了持续获取作战信息数据并及时更新战场态势图。位于卡塔尔境内军事基地的联合作战中心是美军指挥对伊作战的"神经中枢",各种作战信息和数据经过700名情报人员分析和处理后,传送到6个显示屏上,间隔数分钟即可更新。由于战场对美军单方面"透明",美军可随心所欲地实施远程打击,而伊军指挥控制不畅通,防空雷达无法开机,战机不敢升空,防空体系陷于瘫痪,地面部队难以大规模集结,完全陷于"被动挨打"的悲惨境地。

依靠高速网络,美军能够对瞬息万变的战场态势更快、更灵敏的反应,及时调整打击计划,指挥、控制与协调各军兵种部队高效迅速行动,打击实时性大大增强。美军"时间敏感目标"瞄准小组,只需几分钟时间就可以准确识别目标,并制定最佳打击计划。海湾战争中,美军从发现到攻击目标需要3天,若临时发现目标,很难及时调整打击计划。科索沃战争中,这一时间缩短到2小时,一部分打击目标可在飞机升空后做出调整。阿富汗战争,这一时间缩短到19分钟,而伊拉克战争中,更是进一步缩短到10分钟。2003年3月20日,2辆伊拉克机动导弹发射车在向科威特境内发射"阿巴比尔"导弹后,随即被美军侦察机发现,并指示位于附近空域的美军飞机将导弹发射车摧毁。

从伊拉克战争可看出"网络中心战"的建设和发展趋势。首先,综合使用多种侦察和通信手段,始终都以信息为主导,夺取制信息权是争取战场主动权的前提。其次,数字化是网络中心战的基础,数字化装备是实现联合作战的核心。最后,加强网络中心战相关装备的研发,如联合火力网、协同作战能力、战术互联网、战术输入系统、全球指挥与控制系统、数据信息链等。

5.3.2 台海危机与"远征前进基地"

随着我国"反介入／区域拒止"作战体系能力的发展，美国海军陆战队若要进入特定作战区域并继续开展后续战斗必将面临重大阻碍。为了应对远程精确火力和海上武器系统的威胁，美国海军陆战队提出了远征前进基地作战（EABO）等概念，并在"大规模演习 2021"中进行了实战演练。作为美国海军陆战队应对"反介入/区域拒止"作战体系的手段，远征前进基地作战意图在于穿透敌方的防御系统并在特定的作战地域展开战斗。

2022 年 2 月 3 日到 7 日，为验证"远征前进基地"作战思路，美国海军陆战队、海军和空军在日本宫古海峡和菲律宾吕松海峡两地同时进行了代号为"壮丽融合"的作战演习，日本海上自卫队作为辅助力量，也参加了美军的作战演习。美军"壮丽融合"联合演习的参演部队包括：(宫古海峡方向)美国两栖攻击舰"埃塞克斯"号、海军陆战队快速反应部队、第 11 海军陆战队远征部队等，再加上部分日本海上自卫队作战人员，总兵力约为 1 万余人；(吕宋海峡方向)"林肯"号航空母舰打击群、"美国"号两栖战备群（ARG）及其所搭载的第 31 海军陆战队远征部队（MEU）、"埃塞克斯"号两栖战备群及搭载的第 11 海军陆战队远征部队等部队，以及美国空军的部队。

5.3.3 猎杀苏莱曼尼与"分布式杀伤"

2020 年 1 月 3 日美军利用空袭定点清除伊朗"圣城旅"指挥官苏莱曼尼的计划。在暗杀苏莱曼尼的过程中，美国利用静音无人机导弹，在作战中突出表现了其信息采集和处理能力和精确和快速打击技术。从天空的"锁眼"间谍卫星、"长曲棍球"雷达侦察卫星、"黑鸟"和 U2 侦察机以及"白云"电子侦察卫星，无一不在昭示着美国在信息传输领域的高频或低频的军事通信卫星搭建起来的全方位信息网络。

在苏莱曼尼乘坐的飞机还未降落的时候，这款无人机就已经在机场 9000 米的上空盘旋等候，苏莱曼尼从走下飞机，就进入了无人机的视野。苏莱曼尼坐上汽车，已经脱离了机场间谍的监控，但是他却逃不出无人机的掌心。当然这款无人机是受千里之外的操作员操控的。从无人机锁定目标，操作员首先要根据卫星发回的热成像画面确认苏莱曼尼的身份，当汽车行驶到合适的区域，无人机还要对苏莱曼尼进行激光照射定位。

当苏莱曼尼乘坐汽车离开机场的时候，特种部队就跟在他的汽车后面。当导弹击毁两辆汽车几分钟以后,特种部队就来到现场,对导弹打击的情况进行核实,并确认了苏莱曼尼确系死亡。该任务由联合特种作战司令部控制的一架无人机(据报道是 MQ-9"死神")完成,仅由美国空军操作实施打击。MQ-9"死神"无人机是目前美国比较先进的中空长航时无人机,使用涡轮螺旋桨发动机,如果在数千米高空飞行,几千米外的地面很难察觉到其存在。

5.3.4 俄乌冲突与"马赛克战"

2022 年 10 月 29 日凌晨,乌军在美国、北约精心策划指导下,通过"星链"进行远程指挥,先后控制 9 架无人机(UAV)和 7 艘无人舰艇(USV),利用黑海运粮走廊安全区作为掩护,低空突破俄黑海拒止空间,无人机实施佯攻吸引俄军防空火力,趁机控制无人舰艇对俄军克里米亚塞瓦斯托波尔海军基地进行了长达数小时的大规模自杀式袭击,至少有 3 艘黑海舰队船只在此次袭击中受损,其中包括取代"莫斯科"号成为黑海舰队旗舰的"马卡洛夫上将"号。美军"RQ-4 全球鹰"侦察机长时间在距离塞瓦斯托波尔港约 100 千米的黑海上空盘旋,全程参与了乌克兰无人机和自杀式无人艇的目标指示引导、指挥控制和效能评估。

乌军在成功对克里米亚实施电子穿透战后,利用北约强大的情报信息网络构建海上"作战云",使用无人机抵近侦察、目标指示和佯攻,集中火力使用自杀式无人艇,通过分散部署、融合一体的形式实施海上联合作战,实现多种平台跨域联合作战,初步实践了海上分布式杀伤链,达到集中毁伤的打击目的。

第 6 章

对我军作战概念启示展望

6.1 发展态势评估

如果说美军优势已不仅体现为技术优势,还有以创新的作战概念为突出代表的先进作战理论,这才是美军优势的真正来源。在新的时代和形势背景下,作战概念研发的需求更为迫切。2018年版《国家安全战略》和2017年版《国防战略》《军事战略》明确指出,美国面临的风险主要集中在中国等大国竞争对手自1991年海湾战争以来快速发展起来的非对称军事能力,严重侵蚀了美国的军事优势,使得美国无法在冲突初期获得海上、空中、太空和网络优势,中国的反介入/区域拒止(A2/AD)将威胁美国在西太平洋地区部署的部队和基地,危机爆发时,美国无法抵御来自中国的"侵略",并损害美国该地区盟友和伙伴的承诺。此外,近些年来,美国将竞争焦点集中在具有重大军事应用价值和潜力的新兴领域上,如人工智能、无人系统、大数据、云计算、5G等,认为中国在这些领域的大力投入和先进地位撼动了美国长期保持的军事技术优势。基于此,美国军政界已达成共识,认为必须开发完善能够在更具竞争性和更具致命性的未来战场上有效威慑、战胜对手的新的作战概念。

6.1.1 成功案例

6.1.1.1 网络中心战——"美军头脑+乌军手脚"

俄乌冲突期间,俄军核武威慑、制海于港、制空于地、精确打击、长驱直入、穿插分割、包围城市等行动,与此同时,乌军在美方实时情报信息支持与指挥控制下,小分队或单兵频频出击,以"毒刺"打飞机、"标枪"打坦克和"夜视器材"打击装甲运兵车,不断给俄军添堵生乱,并且美国声言后续援助还有"弹簧刀"巡飞弹(类似"自杀式无人机")之类的先进兵器,这些也让网友们唏嘘不已。特别是,乌军在美军目标指示下,精准地狙击了俄军多位高级将领,更是令人扼腕叹息。"美军头脑+乌军手脚"的游击战,展现了多年来美军帮助乌军兵力结构改革的成效,创建了 C^4ISRK"打击链"(杀伤链)在特定战场环境的典型应用案例,并以战场实际表现,为推销美国"毒刺"、"标枪"和"弹簧刀"等多款武器装备,作了生动的演示广告。在这次俄乌冲突中有所不同的是,C^4ISRK 这种"打击链",是在美军和乌军之间嫁接完成的(图6-1)。

第6章 对我军作战概念启示展望

图 6-1 乌军士兵正控制无人机执行任务

在美盟帮助下,乌军构建了 DELTA 情报收集和管理系统,用于将空中侦察、卫星、无人机、固定摄像机、雷达、聊天等的数据也被上传到平台,帮助军方追踪敌军的动向,该系统在数字地图上提供来自多个来源的高度集成的全面实时信息,可以在从笔记本电脑到智能手机的任何电子设备上运行,乌克兰政府将 DELTA 置于乌克兰境外的互联网服务器,这将保护系统免受敌方导弹和网络攻击。

2022 年 6 月,美国《纽约时报》就披露中央情报局帮助格乌尔组建敌后谍报网,培训破坏小组,袭扰俄军后方,他们的大本营就在格乌尔总部。不仅如此,英国、法国、加拿大和波兰等北约国家情报军官也以轮替方式,为乌军提供网络攻防、信息识别、咨询指导等服务。经过将近两年的战争,乌克兰与北约情报系统已实现相当程度的"互操作",就连配置到乌军基层部队的格乌尔军官都自带军用平板电脑,里面有北约制式战场绘图和校正针对俄军的火力打击应用程序,令俄军遭受很大损失。2022 年 11 月 11 日和 25 日,俄黑客组织以《北约向乌军提供目标坐标》为题,先后在社交媒体"电报"上分两批公布了从美国为乌克兰国防部研制的"三角洲"部队作战指挥系统里窃取的北约机密文件。文件始于 2021 年 4 月 27 日,终于 7 月 24 日,数量达到 1000 份,它们都属于秘密级原件情报,全面反映北约向乌方提供情报支持的情况,涉及俄军参战兵力、武器装备、兵力调动、作战地域、战备动员、后勤保障和情报侦察等方面,可划分成态势更新、情况汇总、快报标注、情报摘要、卫星图片判读和专题研究六大类,其中态势更新每昼夜更新一次,基本涵盖俄军 24 小时里的前线动态与静态情况;情况汇总平均每昼夜发布 3 到 4 次,以滚动方式提供战场最新态势,并对有关情况进行小结;快报标注随时发送,以坐标等数据为主,强调情报的时效性,信息量非常大;情报摘要包括图形摘要、执行摘要、文字摘要和表格摘要等,以图形表格方式展现战场态势,形象直观;卫星图片判读主要根据侦察卫星拍摄的最新照片为依据,重新对俄重要军事目标进行判读,做出最新结论;专题研究主要就俄乌冲突热点问题进行分析和研判,供乌军高层在制订作战计划时参考。

6.1.1.2　分布式杀伤——"穿透性制空"

作为美军为抵消甚至消除中俄逐渐增长的"反介入/区域拒止"能力优势而给出的解决方案,"穿透性制空"这一作战概念使用"系统簇"模式,以 B-21 隐身轰炸机作为核心武器装备,围绕其部署穿透性制空平台、穿透性情监侦平台、穿透性电子战平台与武库机等,形成主要架构如图 6-2 所示的高效协同的低风险穿透打击编队。力求在未来高威胁、高强度的复杂作战环境下,凭借先进作战管理系统,充分利用装备体系信息优势,整合多域、不同军种的多元化装备的优质作战资源和能力,构建起一体化的实时战场态势感知网络,并以此为基础先行打击对美军空中优势威胁最大的"反介入"作战力量,根据特定的作战场景,实现涵盖情报、监视与侦察和全域全纵深穿透打击的双重穿透任务。该作战概念所面向的典型作战场景包括隐蔽渗透、防空压制、纵深打击、肃清空域等,牵引了包含全向宽频隐身技术、下一代空中主宰(NGAD)、轰炸机平台总体技术、先进机载武器系统和传感器系统、跨域协同技术、智能决策技术等若干关键技术的发展。

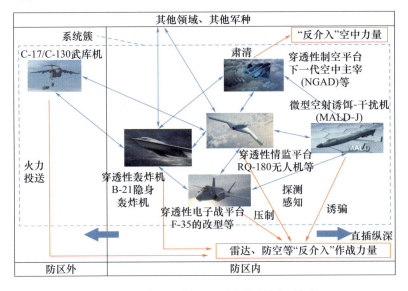

图 6-2　"穿透性制空""系统簇"的主要架构

"穿透性制空"这一作战概念的主要制胜机理为"隐身突防,打击核心;高效组网,集优聚能;软硬兼施,自内向外"。

隐身突防，打击核心。"穿透性制空"依托全景隐身、一体化实时战场态势感知、电子战、远程精确火力投送等能力，使作战编组得以穿透防御、直抵纵深，目标明确地针对"反介入"作战力量及其他战略和战役核心目标施以快速压制和引导攻击，在战争初期即拔除防御方对美军空中优势的核心威胁，为后续的大规模火力兵力投送、自由介入和自由行动提供前置条件。

高效组网，集优聚能。信息时代，信息、网络等要素在作战体系中的"黏合剂"和"倍增器"作用愈加明显，空中优势的竞争更多地体现在复杂战场环境下信息获取、态势感知、体系对抗、组网协同等能力的竞争上。"穿透性制空"这一作战概念在无人自主、智能决策等技术的推动下，以"系统簇"的形式，根据特定的任务要求生成混编系统的网络架构和作战预案，即时集优聚合为具备相应作战能力的高效行动"共同体"，在作战过程中依托分散的穿透节点构建动态互通、弹性互联的柔性的感知和杀伤网络，并以此对多源多域异构传感器资源进行跨域融合，形成空情态势一张图，缩短"OODA"环链路闭合时间，在确保作战效率的同时实现资源的高效动态分配，获得体系对抗优势。

软硬兼施，自内向外。"穿透性制空"强调多平台跨域分布式协同，有人－无人协同，以灵活多变的战法激发并释放智能化作战能力。该作战概念兼顾"软穿"和"硬穿"，既可以直插腹地纵深，对防御方高价值目标施以抵近快速打击，大幅压缩其反应时间；又可以通过电子干扰、释放微型空射诱饵－干扰机（MALD－J）等手段引诱防御方雷达开机，使用防区外攻击武器（JSOW）和反辐射打击武器（HARM）攻击其重要军事目标和开机雷达，达到自内向外在防御方的防空圈上撕开"缺口"的目的。后续武库机释放的大批巡航导弹可以此"缺口"作为突防通道，直接对防御方腹地造成重大威胁。

（1）B－21隐身轰炸机。B－21隐身轰炸机隐身效果好，航程远，载弹量大，具备强大的穿透性突防能力，且可承担多元化任务，适应多种战场定位。该型隐身轰炸机强调体系协同优势，采用开放式架构，利于高效集成各种多功能高科技子系统，推动了其作战效能的整体跃升。作为"穿透性制空"这一作战概念中穿透打击力量的核心装备，B－21可与穿透性制空战斗机、穿透性情监侦无人机、穿透性电子战飞机与武库机等编组，共同构建"系统簇"，协同突破防御方一体化防空作战体系，对其指挥控制系统、雷达预警探测系统等高价值目标实施精准快速打击，是美国空军应对中俄"反介入/区域拒止"威胁的利器。

（2）RQ－180隐身无人机。作为一种具备极高的战场生存能力的穿透性情监侦平台，RQ－180隐身无人机能够在广大区域和强对抗环境中，依托其机载合成孔径雷达、机载天线使用主动/被动多元化手段，高效执行探测侦查、目标指示等任务,同时作为智能化网关链接"系统簇"中的各个平台,实现信息融合与一体化态势感知。

(3)微型空射诱饵-干扰机。微型空射诱饵-干扰机是一种利用电子战组件欺骗敌方雷达,以提高己方载机平台生存力和战斗力的新型电子战武器装备。其有基本型 MALD 和干扰型 MALD-J 2 种型号,前者主要模拟载机的 RCS 和高度、速度、轨迹等运动特性,在接收到敌方雷达探测信号后,可针对性地给出欺骗性的信号(一枚 MALD 能同时生成多个欺骗性的虚假载机平台信号),作为诱饵吸引敌方防空力量攻击自己,帮助载机突防;后者则具备雷达干扰能力,可降低敌方雷达的发现概率,从而提高编队的生存性能。

(4) C-17/C-130 武库机。美军已经成功测试了部署在 C-17 和 C-130 运输机上的"迅龙(Rapid Dragon)"托盘化弹药武器系统,该系统搭载大量 AGM-158B 增程型联合空对地防区外导弹(JASSM-ER),并通过机尾舱门对其进行批量投射。这一技术与"穿透性制空"作战概念中构成"系统簇"的武库机概念相契合,可以拓展运输机参与实战的能力,使其可在大规模军事行动中提供空中支援、武器补给以及额外的打击手段,其战略威慑力不容小觑。几种应用于"穿透性制空"的典型作战装备及其功能定位和任务设定如表 6-1 所列。

表 6-1 "穿透性制空"的典型作战装备及其功能定位和任务设定

作战装备	功能定位	任务设定
B-21 隐身轰炸机	穿透性轰炸机	作战核心组网协同,隐身突防,精准打击
F-22、F-35、NGAD	穿透性制空平台	压制敌军,肃清空域,同时充当信息节点
RQ-180	穿透性情监侦平台	提供高效情监侦能力,同时作为智能网关,实现信息融合与态势感知
F-22 或 F-35 的改型	穿透性电子战平台	提供防区内电子攻击和灵巧电磁对抗能力
MALD、MALD-J	微型空射诱饵-干扰机	吸引防空火力,诱骗雷达开机,协助编队突防;干扰雷达探测,提高编队生存性能
C-17/C-130	武库机	空中支援、武器补给、防区外火力投送

随着"分布式杀伤"和"分布式海上作战"概念的提出,美国海军的航空母舰舰载无人机转向为加油型无人机 MQ-25A"黄貂鱼","穿透式"侦察和打击任务将由具备高隐身能力的 F-35 战斗机和 B-21 轰炸机承担。

6.1.1.3 马赛克战——"无人蜂群作战"

无人机蜂群概念的灵感来源于对昆虫蜜蜂的仿生研究,其研究目标就是在一定的任务背景下,对群聚生物的信息交互与协作行为进行模仿,使机群作为一个系统整体,智能化协同、自主化动作,完成单机平台难以完成的作战任务。DARPA 早在 2000 年就曾对无人机蜂群空战进行了仿真研究,但美军真正大规模开展系统层实物研究是在"第三次抵消战略"之后。美军认为,世界军事强国日益完善的一体化防空系统对其全球介入能力构成了巨大威胁,急需改变观念,开发出具有经济可承受性且能满足作战能力要求的武器系统,继续保持其在强对抗环境下的绝对优势。为了实现"第三次抵消战略",美军将利用人工智能及自主技术领域的快速发展,进一步提高武器系统自主化水平,发展人机协作及蜂群编队作战能力。按照美国空军 2016 年在《小型无人机系统飞行规划 2016—2036》文件中的定义和描述,无人机蜂群是指在操控人员(空中或地面)的指挥或监督下,通过自主组网遂行统一作战任务的一群小型无人机;构成蜂群的无人机可以是相同的(同构),也可以是不同的(异构);组群方式可以是主从型的,也可以是无中心的。

自 2023 年 8 月 18 日开始,乌克兰的无人机不停歇地袭击俄罗斯境内的目标。乌军每天发射的无人机数量逐渐攀升,达几十架之多。高峰时刻,一天竟能发射 50 多架,光是克里米亚单日就遭受了 30 多架无人机的袭击。与此形成鲜明对比,受伊朗无人机供应中断的影响,俄罗斯的沙希德 - 136 无人机库存正在迅速减少。短短一周内,乌军已击落俄罗斯军队的 11 架飞机,其中包括 2 架图 - 22 轰炸机、4 架苏 - 30 战斗机、1 架米格 - 29 战斗机以及 4 架伊尔 - 76 大型运输机。令人震惊的是,这些飞机并非在实战中被摧毁,而是被乌军的无人机在机场上一一摧毁(图 6 - 3)。这也意味着,俄罗斯难以有效地遏制乌克兰的无人机攻势。机场作为关键军事设施,本应该部署强大的防空系统,但事实却是,这些系统在无人机面前无法发挥作用,甚至被乌军无人机突破,形势堪忧。

图 6 - 3　被乌"蜂群"攻击的俄飞机场

6.1.2 存在问题

在新时代、新形势、新挑战的背景下,美军对作战概念赋予更大的期望。通过作战概念的研发,旨在以追求作战优势为牵引,依靠创新取得技术优势并将技术优势转变为作战优势。第二次世界大战结束以来,创新驱动的技术优势一直是美国占据军事优势的不二法门。近年来,这种愿望更为迫切。2014 年,美国推出"第三次抵消战略",正是认识到自1991 年海湾战争以来维持了25 年的无与伦比的军事技术优势正在消失。特朗普政府上台后,"抵消战略"这一术语不再使用,但"第三次抵消战略"的基本理念和建设内容却基本得到完整的继承和保留。

6.1.2.1 缺乏革命性概念

相较其他国家,美国在创造军事新概念、新名目方面尤为热衷。与往届美国政府相比,特朗普政府在这方面更可谓"有过之而无不及"。然而,当前美军的技术优势主要体现在研发的投入和水平、应用的周期和规模、军/民用的集成和融合等方面。如果说第一次和第二次抵消战略主要针对苏联,谋求对苏联军事优势的全面超越,那么"第三次抵消战略"则矛头直指中国,尤其是中国的反介入/区域拒止能力,聚焦对中国的相对优势能力实施精确对冲和抵消。近 10 年内,美军已提出大量的新作战概念并已着手研发,但是,美军认为,这些概念都处于研发的早期阶段,且大都不具备"脱胎换骨"之效,而只是"锦上添花",并未在根本上重新思考在未来与势均力敌的对手进行的更高强度、更快节奏、更大烈度的高端战争的作战方式,同时,也尚未提出完全崭新的作战样式。这些作战概念都对信息网络能力提出了更高要求,可视为信息化作战的进一步发展。如美国陆军的"多域战""全域作战"等,美国海军的"分布式杀伤""分布式舰队""决策中心战"等,美国海军陆战队的"海基能力""联合濒海介入""远征前进基地作战"等,美国空军的"常规快速打击""作战云""分布式空战"等,以及国防部的"联合全域作战""马赛克战"等,至于美国众多智库提出的作战概念更是不胜枚举。这些作战概念,可称得上是更具竞争性和更具致命性的作战方法,可对竞争对手实施更强大威慑和达成更大优势,但却无法提供革命性的军事能力。随着科技迅猛发展及其在军事领域的应用,这些作战概念的"边缘效应"将愈发凸显。

6.1.2.2 存在壁垒落地难

由于国际形势、地缘政治、战略指向和威胁判断上发生重大变化等客观因素,已提出作战概念使用的背景条件不复存在,所针对的作战问题发生改变或不再成立。尽管1991年海湾战争充分展现了冷战期间美国陆军主导研发的"空地一体战"概念的研发成果,但由于苏联解体,作战对手不再存在,相应地,该概念所针对解决的作战问题也不再成立。美国陆军转向寻求"多域战"等概念,以更好地服务大国竞争背景下的军种使命任务。这种情况的结果,往往是作战概念研发中止,相关装备项目下马。例如,冷战末期和后冷战时期,在美国牢牢掌控全球制海权背景下,美国海军作战概念研发立足在濒海地区作战、在海上和自海上向陆上投送力量,共同特点是"由海向陆""前沿存在"。代表性装备有以搭载大量战斧对陆攻击导弹的"武库舰",以远程舰炮作为对陆支援火力为特征的朱姆沃尔特级导弹驱逐舰,以高航速、轻火力、弱防护、多用途为特征的濒海战斗舰等。这些项目或者研发被中止,或者建造数量被大幅削减并沦为试验舰,或者使用频率低、场合受限并提前封存退役。验证评估条件难以满足概念研发需求。应当承认,近些年来,美国国防部所属机构和各军兵种都提出来不少颇具价值的作战概念。这些概念能够紧密围绕新版《国家安全战略》《国防战略》《军事战略》的战略基调和威胁判断,具有较高的思想性、科学性和针对性。作战概念研发需要经历仿真推演、试验测试、作战评估等验证评估环节加以完善,以更好地推动需求论证和方案设计,进而降低技术风险,同时缩短研发时间。对于这些环节,美军不可谓不重视,但是,这些环节普遍存在投入不足、规模不大、深度不够的问题,且验证评估所使用的分析、试验和仿真工具难以满足真实威胁环境和作战条件的要求,这在客观上也极大限制了这些作战概念的推广和应用。以"马赛克战"为例。该概念于2017年8月由DARPA的战略技术办公室(STO)提出,至2019年9月美国空军委托米切尔航空航天研究所发布《恢复美国的军事竞争力:马赛克战》,历时两年,仅仅完成了概念内涵、理论分析、构想制定、初步评估的工作。目前,该概念处于关键技术梳理阶段,关键技术攻关刚刚启动,距离系统集成和试验检验等还有相当大的差距,至于开展装备研发和体系构建,尚难以预测。

6.1.2.3 政局掣肘难持续

2018年美国国防部首次发布人工智能蓝图,预测"人工智能将改变每一个行业",并影响国家安全的各个方面。此次发布的文件是一个更成熟的版本,由美国国防部首席数字与人工智能办公室(CDAO)制定,美国国防部首席数字和人工智能官 Craig Martell 表示,考虑到了人工智能对国防工业基础的影响显著增长,因此发布了新版本。11 月 2 日,Martell 在五角大楼对记者称,实施这一战略的结果将是,加速采用先进的数据、分析和人工智能技术,目的是为各级部门领导人提供机会,使他们能够更快地做出更好的决策。

美国国防部提出人工智能战略主要关注的目标是:①投资可互操作的联合基础设施;②推进数据、分析和人工智能生态系统;③扩展数字化人才管理;④改善基础数据管理;⑤为企业业务和联合作战影响提供能力;⑥加强治理,消除政策障碍。其他目标包括:更好的数据集、改进的基础设施、与国防部以外的机构建立更多的伙伴关系,以及内部改革,以清除技术进步障碍,促进国防部加速采纳。

人工智能战略规定了开发和应用的灵活方法,强调大规模交付和采用的速度,从而带来五种决策优势结果:①卓越的战场感知和理解;②自适应兵力规划和应用;③快速、精确且有韧性的杀伤链;④韧性维持支持;⑤高效的体系业务运营。

在公布该战略时,美国国防部强调了在打造人工智能前沿的同时对安全和责任的承诺。美国国防部副部长希克斯说:"十多年来,我们不懈努力,在军事领域快速和负责任地开发和使用人工智能技术方面成为全球领导者,制定了适合其具体用途的政策。"安全至关重要,因为不安全的系统是无效的系统。

6.1.2.4　全局统筹能力减弱

通过分析美军的纲领性文件与联合作战概念,发现其在战略思维、战略目标、战略全局、战略威慑等方面存在明显不足,具体如下:①战略思维不科学。2021 年 3 月,美国总统拜登签署《重塑美国优势——国家安全战略临时指南》,明确指出美国应尽量与盟国共同开展军事行动,同势均力敌的对手打一场速战速决的高技术大国多域战争,避免陷入伤亡惨重、耗资巨大的长期战争。当前,美军将大国之间的战争设想为一场战争目标、范围、强度和规模均严格受限的局部战争,作战概念研发专注于具体的战役和战术问题。事实上,有核大国之间一旦爆发热战,极有可能是意志坚决的大规模、高强度、多领域的持续作战。因此,筹划高端战争必须树立全面战争战略思维,从政治、全局、长远的视角看问题,避免以局部战争战略思维考虑全面战争问题。②战略目标不聚焦,近些年,美国发布了《国家安全战略》《国家防务战略》等纲领性文件,强调国家间战略竞争是美国国家安全的首要关切与主要战略目标。美国军方、智库等在研发新型作战概念时均与这些纲领性文件对标,作战概念的针对性极强。显然,美国确定战略目标时犯了"多面树敌"的战略规划大忌。③缺乏战略全局考量。高端战争在多领域、多方向、多地区以多种方式展开，通常产生多个斗争焦点，分析各焦点对战役所起的整体作用，避免赢了战斗输了战役以及局部主动而全局被动。例如，越南战争中，美军打赢了无数场战斗，却输掉了整个战争，一个重要原因是战役指挥员没有正确理解和贯彻战略意图。目前，美军对当前及未来一段时间所面临的复杂外部环境缺乏清醒认识，将击败势均力敌的作战对手等价为打击"反介入/区域拒止"体系，完全陷入战役层级的纯军事观点。④缺乏战略威慑谋划。近些年，美国多次调整核政策，降低战术核武器的使用门槛。在多次军事演习中，F-35A战斗机携带核武器，探索与检验核武器在高端战争中的作战场景。美军设想利用高空核爆制造电磁脉冲，破坏某一空域所有航空航天器。当前，影响世界战略形势发展的不确定因素明显增加，可信可靠的核威慑核反击力量是国家战略安全的保底手段。从性质上讲，未来有核大国之间的高端战争极有可能是一场有限核冲突背景下的常规战争。作战概念研发必须充分考虑核威慑战略与常规威慑战略的配合，不能一厢情愿地认为作战对手不会实际使用核武器。

6.1.3 未来发展分析

随着人工智能、云计算、大数据等先进技术在军事领域的广泛运用，战争形态正在加速演变；准确把握这一发展趋势，创新推出既能支撑备战打仗急需，又能牵引部队建设发展的作战概念，并使其转化落地，已成为军事创新的重要抓手。

6.1.3.1 基础设施弹性化

基于云计算的联合作战云能力可利用联合数据架构的情报传感器与信息共享网络，感知并集成来自全时全域的战场数据，支持指挥官和任务部队获取态势感知与决策优势。云平台为塑造具有优势的联合部队提供了从高层决策到全面态势感知，从战场核心到作战边缘的一体化信息技术解决方案。联合作战云能力的另一优势在于可利用人工智能与机器学习技术从数字基础设施中直接提取、合并、处理海量全源数据。在联合作战具体行动环节，云能力优势可保证实现安全可靠、有弹性、去中心化的指挥控制与通信系统，保证决策部署的快速、准确传达，也可使来自战场边缘的关键数据回传至云端。发展联合作战云能力的另一趋势是利用人工智能/机器学习技术改进数据驱动的军事决策流程。基于数据驱动的军事决策流程可使得"预先授权""基于条件授权"等指挥控制流程产生变革。基于云能力的指挥控制系统擅长处理海量、逻辑简单、条件清晰的战场状况。联合作战云能力有望补充指挥官在经验、教育能力上的短板,补足作战指挥所需的海量知识。此外,联合作战云能力可释放全源数据潜力,挖掘战场真实状况,推进指挥决策兼顾主观概念驱动与客观数据驱动协同发展。

美军向来重视云能力分层化建设,力图通过强化战术边缘云优势,实现全球联网、信息覆盖,以支援其全球作战、快速响应、灵活机动的作战能力。为将云优势拓展至战术边缘,美军云计算能力根据规模与层级区分为固定云、机动云、战术云。其中,固定云多依附于大型作战中心或大型数据中心。机动云多利用大型作战平台建设。而战术云多采用扁平化结构,以保证在恶劣的战场通信环境下建立网络、指挥控制与通信体系(表6-2)。

表6-2 美军联合作战云能力要素

类型	部署平台	主要用户	功能
固定云	大型作战中心或数据中心	高级指挥控制机构	全源数据融合、全域态势感知、高度自动化指挥控制、模拟兵棋推演
机动云	大型机动作战平台	前沿指挥控制机构	构建区域数据融合、态势感知、指挥控制中心,充分搜集、利用当面战场数据,协调构建盟军或友军数据
战术云	高机动性、轻型装备	前沿作战单元	以处理本地数据、实现战场边缘云构建,在无时连、长断续、低带宽的战场环境构建满足云需求的云环境

美国空军于2021年6月设立了永久性的数字转型办公室,其隶属于空军装备司令部,负责推动空军及空天军采办和作战数字系统的建设,整合和共享建模工具、工程仿真及作战分析软件等资源。首先,根据云能力划分云层级可实现陆、海、空、天、网、认知等各域的跨域协同、高度融合与自然聚散。其次,划分云层级可兼顾指挥控制、态势感知、决策部署、火力打击等各作战要素的任务需求,也可满足作战边缘单元的云能力需求。再次,分层次部署云系统既可以保证云计算的规模效应优势,也可以保证云平台的高弹性、模块化、去中心化的能力优势。最后,分层级的云系统可有效支持数据驱动的智能化作战发展趋势。

6.1.3.2 作战指控一体化

针对信息技术基础设施、维护保障、武器等多个数字化方向相关的办公室,大多是针对特定任务。在美国国防部的整体部署中,联合复杂组织国防基础设施(JEDI)项目负责美军的"通用业务",美国空军的"一号"系列("一号云""一号数据库""一号平台"等)是实现空军及各军种间军事指挥与控制的战术平台,也是美国空军先进作战管理系统(Advanced Battle Management System,ABMS)的技术平台。美国空军先进作战管理系统作为以网络为中心的战斗管理方法和集成了软、硬件技术的"系统家族",构成了美军联合全域指挥与控制的核心平台和技术引擎。通过收集和处理来自空中、陆地、海洋、太空和网络领域的传感器集成数据,运用可信网络和智能算法,实现跨军种的数据集成、转换与通信,将情报和目标数据转化为可执行的信息进而形成作战方案,再通过人工智能进行优先排序后回传至用户。利用相对的信息优势,比其对手更快地将决策转化为行动,实现跨域情报融合,从线性、静态的杀伤链演进为基于互联网络跨全域的杀伤网。2019财年和2020财年,美国空军开始实施以"开发、安全和运行"DevSecOps软件模型为核心的敏捷软件开发计划,部署了由"一号云"(CloudOne复杂组织云)和两个编码平台(一号编码平台和克塞尔航程实验室 Kessel run 平台)构成的公共基础设施,用以提供企业编码环境,增加数据的可靠性和安全性。

美国国防部已经为联合全域指挥控制制定了实施计划,且已初显成效。但根据工业部门及国防部官员的说法,仍面临很多障碍,如各军种各行其道、互操作性和新技术应用受阻的问题等。联合全域指挥控制旨在将遍布空、陆、海、网、天等各域的传感器和射手通过一个网络连接起来,然后使用人工智能算法对传感器搜集到的数据进行处理和分析,从而能够快速识别目标并给出最佳行动建议。

6.1.3.3 作战平台智能化

ChatGPT使用的自然语言处理技术,正是美军联合全域指挥控制概念中重点研发的技术。2020年7月1日,美国兰德公司空军项目组发布《现代战争中的联合全域指挥控制——识别和开发AI应用的分析框架》报告。该报告认为,AI技术可分为6类,自然语言处理类技术作为其中之一,在"联合全域指挥控制"中有明确的应用——可用于从语音和文本中提取情报,并将相关信息发送给分队指挥官乃至单兵,以提醒他们潜在的冲突或机会。

目前,主流AI模拟的都是大脑的"模式识别"功能,即在"感知"到外部信号刺激时,能迅速分辨出其性质特点。最初,科学家打算通过"制定规则"的方式来实现这一功能,但很快发现行不通。比如,很难用规则来定义一个人。这是因为,人的相貌、身材、行为等特点无法用明确而统一的规则来描述,更不可能转换为计算机语言。现实中,我们看到一个人就能迅速识别出来,并没有利用任何规则,而是通过大脑的"模式识别"功能来瞬间完成的。这一识别过程为科学家提供了启示:①大脑是一个强大的模式识别器,其识别功能可以通过训练得到提高;②大脑的识别能力不是按照各种逻辑和规则进行的,而是一种"自动化"的行为;③大脑由数百亿个神经元组成,大脑计算不是基于明确规则的计算,而是基于神经元的计算。这正是目前主流 AI 的底层逻辑——对大脑运行机制的模拟。基于这一逻辑,科学家开发了各类基于神经网络算法的神经网络模型,并取得了良好效果。其基本原理是:这些模型都由输入层、隐藏层和输出层三部分组成;从输入层输入图像等信息,经过隐藏层的自动化处理,再从输出层输出结果;模型内部包含大量"神经元",每个"神经元"都有单独的参数;如果输出结果与输入信息存在误差,模型则反过来自动修改各个"神经元"的参数;这样输入一次,跟正确答案对比一次,把各个参数修改一次,就相当于完成了一次训练。随着训练次数越来越多,模型参数的调整幅度越来越小,逐渐达到相对稳定的数值。此时,这个神经网络就算成型了。

平时,基于 ChatGPT 技术的情报整编系统可针对互联网上的海量信息,作为虚拟助手帮助分析人员开展数据分析,以提高情报分析效能,挖掘潜在的高价值情报。战时,基于 ChatGPT 技术的情报整编系统可将大量战场情报自动整合为战场态势综合报告,以减轻情报人员工作负担,提高作战人员在快节奏战场中的情报分析和方案筹划能力。ChatGPT 还可用于实施认知对抗。信息化与智能化时代,各国数字化程度普遍较高,这意味着民众之间的信息交流、观点传播、情绪感染的速度更快,也就意味着开展认知攻防的空间更大。ChatGPT 强大的自然语言处理能力,可以用来快速分析舆情,提取有价值信息,或制造虚假言论,干扰民众情绪;还可通过运用微妙而复杂的认知攻防战术,诱导、欺骗乃至操纵目标国民众认知,达到破坏其政府形象、改变其民众立场,乃至分化社会、颠覆政权的目的,实现"不战而屈人之兵"。

6.1.3.4 闭合环路自主化

在战场上快速部署各类智能感知节点,全天候自主感知收集情报,构建透明可见的数字化作战环境,实现全维一体的信息侦获;依托大数据处理技术,快速融合处理战场多源情报信息,实现实时有序的信息处理;通过智能装备快速组网,统合电子、卫星、雷达、航空和特战谍报等,构建立体多维和功能互补的侦察网系,实现灵活精确的信息共享。智能化观察,能够全方位感知战场,拨开战争迷雾,快速实时形成覆盖全、容量大、情况准的战场态势图,为高效组织指挥作战行动提供实时、可靠、准确的信息支撑。

通过运用神经网络、机器学习等技术,让人工智能体学习人类战争规律,从而以机器智能客观的从任务规则、谋局布势、战局掌控等方面拓展情报处理能力;运用"作战云大脑",通过对数据的处理,人机结合,智能交互,进而对感知的信息做出智能化判断;运用超算能力,将战场上海量信息进行量化计算,从而分析判断出敌我战斗力指数、敌我双方力量对比、我作战需求等。智能化判断,能够不知疲倦、快速准确、客观公正、前瞻预测分析各类战场情况,从而判断出我作战所需的诸多情报以及战场态势的发展。在智能化战争时代,战场在自然空间、技术空间、认知空间与社会空间全方位、全天候展开,战场风险高、节奏快、干扰多,指挥员进行正确指挥与决策的难度与日俱增。将智能技术应用于决策环节,运用智能化系统辅助指挥决策,通过人机协作,综合利用虚拟现实、特征识别、脑机对接等技术,运用人工智能强大的逻辑推理能力分担人脑工作压力。

通过穿戴或使用智能设备,实现人与指挥系统、有无人平台等无缝链接,使人在决策回路中,形成人机交互决策;采取监视数据、监督决策分析工具、监控算法结果等方法,使人在决策回路上,对机器智能决策结果进行修正和纠偏;实行基于任务的委托式决策,使人在决策回路外,允许人工智能体在一定条件下自主决策。智能化决策,分析识别作战力量在战场中的行动特征,快速高效地优化决策方案,大大压缩了作战构想、任务分配、目标打击、毁伤评估的指挥周期,为指挥员指挥决策提供智能辅助,以形成决策优势,使得各类型作战力量完全自适应、协同一致行动。智能化战争中,作战行动的突发性强、节奏快,战机稍纵即逝,更加强调以快打慢、先发制人,更加强调无人自主、实时精准,更加强调有人控制、无人先行。将智能技术应用于行动环节,借助人工智能强大的计算能力和智能算法,对海量信息进行有效分析利用,提高智能化武器装备的自动化、多能化、精准化水平。

通过攻防兼备的网络武器,利用病毒、网络漏洞等对敌网络实施攻击,同时对网络采取加密、入侵检测等措施进行防御;通过微型化、群智化的无人机武器,实施空中"蜂群"战术、海上"鱼群"、电磁"码群"战术等,全方位、全天候对敌实施打击;通过智能化武器弹药,利用计算机制导系统,综合图像、红外、激光或卫星定位等手段,对敌实施空天一体实时精准打击;通过智能自主评估系统,在全维打击的同时,实时同步评估打击效果,动态自主控制行动进程,适时高效结束行动或再次进入下一个OODA循环。

6.2 相关战略展望

6.2.1 抵消战略

6.2.1.1 基本理解

"抵消战略"(Offset Strategy)是第二次世界大战后美国军事战略界创造的术语,是指用技术优势抵消对手的数量优势,或者依靠颠覆性技术提供的新军事能力抵消对手的优势军事能力。美国自20世纪50年代以来共出台了三个"抵消战略",每个都是在一场战争结束后不久、大国竞争加剧的背景下提出的,旨在通过技术创新维持并增强美国的军事优势,同时也是保持己方优势同时消耗对手国力的长期竞争战略。第一次抵消战略(20世纪50年代至70年代),旨在依靠核武器、战略轰炸机和远程导弹抵消苏联在中欧地区的压倒性常规军事优势,第一次抵消战略因苏联掌握了强大、可靠的二次核打击能力,美苏达成核均势而失效。第二次抵消战略(20世纪70年代至2014年),旨在通过军事信息化革命,大力发展精确制导武器、侦察预警监视(ISR)系统、计算机网络、全球定位系统等信息化技术,依靠信息赋能,大幅提高武器装备的作战效能和部队的联合作战能力。第二次抵消战略启动了世界范围内的新一轮军事革命,通过军民融合的国防体制,强力推动力美国科技创新,巩固了国家科技优势,在与苏联的军事竞争中占据了优势。第二次抵消战略被认为加速了苏联解体。美国国防部副部长罗伯特·沃克曾言:"第二次抵消战略战胜了苏联"。

6.2.1.2 发展近况

2014年8月5日,罗伯特·沃克在美国国防大学发表演讲,提出需要制定第三个"抵消战略"以维持美国的技术优势。同年9月,国防部长查克·哈格尔宣布美国将制定新的"抵消战略"。10月,美国战略与预算评估中心(CSBA)发布《迈向新抵消战略:利用美国的长期优势恢复美国全球力量投送能力》报告,阐述了新"抵消战略"的基本内涵、整体构想和具体措施。11月15日,查克·哈格尔在里根国防论坛上发表演讲,明确提出以"第三次抵消战略"为内涵的"国防创新倡议"计划,旨在通过发展新的军事技术和作战概念"改变未来战局",以在与主要对手的新一轮军事竞争中占据绝对优势。12月2日,兰德公司在国会众议院军事委员会海上力量与兵力投送分委会举行的听证会上,发表《海空力量在"第三次抵消战略"中的任务》证词,称中国的反介入/区域拒止能力的快速发展是实现力量投送能力现代化的主要驱动力,建议国会支持国防部提出并准备实施的"第三次抵消战略"。2016年9月29日,国防部长阿什顿·卡特再次阐述了"第三次抵消战略"的目标、重点和实现途径。"第三次抵消战略"强调军事技术创新和作战概念研发"双轮驱动",旨在"改变竞技规则",在未来几十年内保持美国的技术优势。如果说第一次和第二次抵消战略主要针对苏联,谋求对苏联军事优势的全面超越,那么"第三次抵消战略"则矛头直指中国,主要针对中国的反介入/区域拒止能力。

6.2.1.3 演进趋势

美军第三次"抵消战略"的核心是通过综合集成创新发展颠覆性先进技术武器,主要抵消对象是中国和俄罗斯,具体体现为四大突破:①作战概念创新突破,突出信息主导,推出"作战云"概念、"水下作战"概念以及"全球监视和打击"(GSS)概念等。②技术发展创新突破,以计算机、人工智能、3D打印等技术为代表的科技创新,推动定向能武器、电磁轨道炮、士兵效能改造、自动化无人武器系统、智能武器、高超声速武器等新概念武器发展。③组织形态创新突破,以新技术、新作战概念与新作战样式牵引编制体制优化,建设一支更加精干、高效的联合部队,采取更多组合模式,以科技装备创新发展催生更多的新质作战力量。④国防管理创新突破,在国防预算持续削减背景下,更加注重战略规划与优化资源配置,支持军工企业改革创新,确保国防工业基础的可靠性和灵活性,利用最优秀的思想和尖端技术推进国防部的创新及运作方式。具体措施包括:改进国防部使用多年的"计划、项目、预算和执行系统";制定包括机器人、自主系统、小型化、大数据和3D打印等在内的先进制造业领域的长期研发计划;推出"更优购买力计划3.0版",优化采办流程;在武器装备研发、采办和运用过程中,注重模块化和开放式系统架构,通过军民一体化方式推动对新武器和新技术的研制等。

6.2.2 云战略

6.2.2.1 基本理解

美国国防部认为其拥有众多分散式、烟囱式的信息系统,不利于其理解、应对新的安全威胁,也对于联合作战指挥控制、信息支援、决策辅助、火力协同具有重要负面影响。2018年,美国国防部发布《国防部云计算战略》,总结了自2013年以来的经验,并提出七点战略目标与指导原则。2018年12月,美国国防部公布了新版的《国防部云策略》报告。报告指出,信息技术在美国国家安全、威胁识别、投射全球影响力、实施军事行动、支援外交行动、保障全球经济活力等方面起着关键作用。美国国防部认为,现有的信息系统难以满足这些需求。目前的信息系统建设年代不同、复杂多样且技术不互通。这导致了这些分布在全球的信息系统相互脱节,难以共享信息。低效的信息系统会引发一连串问题,导致作战人员、决策者和国防部工作人员难以组织、分析、保护、扩展并最终利用关键信息去做出及时、基于数据的决策。同时,美国国防部在增加其储存和计算能力的时候很大程度上受到财政资源、人力资源、相关技术以及通常非常烦琐的采购合同流程的限制。此外,网络空间领域日益激烈的竞争环境也对美国国防部的信息能力提出了很大挑战。基于以上三点,美国国防部认为,为了继续保持美军的战略优势,需要为作战人员和支持人员提供适当的信息技术和能力。而近年来云计算在商业领域对解决这几类问题取得了重大进展,必须充分利用云计算技术来解决上述信息系统的问题和挑战。

6.2.2.2 发展近况

美国国防部提出了云计算项目的设计目标。美国国防部认为,其处理和传播军事信息以部署军事行动、进行情报收集和相关活动的能力高度依赖于信息系统的质量。为确保其战略优势,该部门必须通过建立一个包含通用云(General Purpose Cloud)和专用云(Fit for Purpose Cloud)的多云、多供应商的云计算实施战略来解决独特的任务需求。这些战略所需要面临的挑战和设计目标包括:①应对大数据,数据爆发式增长让数据的组织、储存、安保、扩展及最终从其中提取并利用相关信息进行决策变得困难,美国国防部需要一个遍及所有地方的系统来向决策者、作战人员和员工提供上述能力。②扩展性强,能应付美国国防部任务的偶发性规模,通过实施可扩展的云计算解决方案来提高任务实施的效率。云计算基础设施将使得计算能力能够自动配置和取消,从而改善项目的财务状况。通过为所有任务提供详细的资源使用报告来计费的实践将有助于未来进一步提高信息系统的效率。③积极应对网络安全的挑战,美国国防部必须创建一个基于云的包括基础设施、应用程序和数据安全的标准架构,从而确保在安全和技术方面保持持久性运作能力。美国国防部将建立一个统一的基于云的网络安全架构以处理加密或非加密的数据。其安全能力应可以独立地、经常地测试以保障网络安全不受威胁。④人工智能适用性和数据透明度,美国国防部必须把现代数据分析(例如人工智能和机器学习)加入决策过程,以在必要的速度下做出关键决策。决策者依赖各部门数据提供的信息进行选择。如果这些数据所处的环境是分散的、脱节的,则将大大影响决策效率。因此,美国国防部必须引入现代信息科技来组织和管理数据。数据应储存在一个高度可用、管理良好且安全的云系统中,以提供方便的、符合安全要求的访问,为跨领域的解决方案提供帮助。⑤扩展对边缘端作战人员的战术支持,美国国防部云环境应为各种环境下的所有任务提供服务,这包括了从战术边缘到本土前线,不同的保密级别和信息管控范围的任务。这些服务让作战人员能够在他们熟悉的环境中使用而不是强迫他们适应新的解决方案。这将允许作战人员依靠数据做出决策并最终增强美国国防部与盟友共享数据并作为联合部队行动的能力。⑥利用云计算实现系统坚韧性,部门级别的云系统能在危机时期保持连续运营和高效的转移故障。云计算分布式的、可扩展的和高冗余的特性能为这一目标提供重要的技术保障。⑦借此契机推动美国国防部信息技术改革,云计算将允许美国国防部进一步整合其庞大的数据中心资产。美国国防部已做了大量工作来合理化和减少数据中心,而云计算将提供进一步优化的机会。部门级别的云系统将实现更集中的云管理和更广泛的安全保障以及维持更少的维护人员。从上述目标出发,美国国防部提出了云计算项目的几个战略方针和指导原则。为了实现上述可扩展的、适用人工智能的、安全的、整合各部门的、为边缘提供支持的云环境,以及快速访问计算和存储的能力,美国国防部将利用具有提供通用和专用云能力的多个云服务商来构建其云计算系统。为实现上述目标,项目的发展将遵循一套指导原则,这些原则包括:作战人员优先、云智能-数据智能、充分利用商业解决方案,以及创造一种更适合现代技术演进的文化。

6.2.2.3 演进趋势

美国国防部正在推动构建由通用云以及专用云组成的部门级云环境。应该认识到,对于不适合上云的应用程序,美国国防部仍旧需要非云的数据中心作为解决方案。随着时间的推移,越来越多的应用采用持续推行的部门级的云战略,非云的部分将会越来越少。美国国防部分别对通用云的实施、专用云的实施、云迁移、监管与组织、人力资源提出了计划。对于通用云,美国国防部将实施一项名为联合企业防御基础设施的计划。该计划采用商业解决方案,为美国国防部大多数系统和应用程序提供服务。为了项目顺利实施,美国国防部必须引入一个商业领域的合作伙伴。这项工作的复杂性以及美国国防部缺乏大规模的、部门级别的、商业云解决方案的实施经验意味着这种伙伴关系对于能否成功实施云项目至关重要。对于专用云,在通用云解决方案无法支持任务需求的情况下,美国国防部可以使用专用的商业解决方案或本地云解决方案。只有这一条件满足时,才会去考虑专用云的替代方案。专用云的建立仍然需要考虑部门级别的应用能力以及可扩展性。这些专用云仍然需要与通用云以及其他专用云进行连接以实现云内或跨云通信。对于云迁移工作,需要有一个持续的治理过程,以保障安全、应用程序开发、数据标准和基础设施标准等要求。在云迁移实施过程中应考虑以下两类基本任务:第一类是建立云平台,为云项目部署中的接收应用程序、数据或基础架构做好准备的任务;第二类是正在进行的迁移现有应用程序或在云平台上构建新的应用程序的任务。第一类工作包括技术准备、监管、自动获取资源与计费、迁移能力、人力资源配备等。在第一类工作结束后,第二类工作随之展开。此类工作由于范围广和复杂性大,最好由一家服务商来进行提供,以便美国国防部监察进度和降低风险。迁移流程应遵循美国国防部发布的云迁移手册。美国国防部将细致地监管最初的迁移流程,并利用通用云迁移实施过程中的经验帮助改进云迁移手册中的内容。

6.2.3 智能化战略

6.2.3.1 基本理解

2018 年美国国防部首次发布人工智能蓝图,预测"人工智能将改变每一个行业",并影响国家安全的各个方面。此次发布的文件是一个更成熟的版本,由美国国防部首席数字与人工智能办公室(CDAO)制定,美国国防部首席数字和人工智能官 Craig Martell 表示,考虑到了人工智能对国防工业基础的影响显著增长,因此发布了新版本。11 月 2 日,Martell 在五角大楼对记者称,实施这一战略的结果将是,加速采用先进的数据、分析和人工智能技术,目的是为各级部门领导人提供机会,使他们能够更快地做出更好的决策。聚焦国防部对几个数据的分析和对人工智能相关目标的关注:①投资可互操作的联合基础设施;②推进数据、分析和人工智能生态系统;③扩展数字化人才管理;④改善基础数据管理;⑤为企业业务和联合作战影响提供能力;⑥加强治理,消除政策障碍。该战略将其定义为:质量数据、治理、有洞察力的分析和度量、保证和负责任的人工智能。在公布该战略时,希克斯强调了五角大楼在打造人工智能前沿的同时对安全和责任的承诺。希克斯说:"十多年来,我们不懈努力,在军事领域快速和负责任地开发和使用人工智能技术方面成为全球领导者,制定了适合其具体用途的政策。"安全至关重要,因为不安全的系统是无效的系统。该战略提出的其他目标包括更好的数据集、改进的基础设施、与国防部以外的机构建立更多的伙伴关系,以及内部改革,以清除技术进步障碍,促进国防部加速采纳。国防部正在针对人工智能构建内部管理结构,这份文件也阐述了其对人工智能的发展思路。战略规定了人工智能开发和应用的灵活方法,强调大规模交付和采用的速度,从而带来了五种决策优势结果:卓越的战场感知和理解;自适应兵力规划和应用;快速、精确且有韧性的杀伤链;韧性维持支持;高效的体系业务运营。

6.2.3.2 发展近况

2021 年底,国防部成立了首席数字与人工智能办公室(CDAO),于 2022 年 6 月投入运营,作为五角大楼融合人工智能、大数据和分析工作的机构,承担联合人工智能中心、国防数字服务局、Advana 数据平台和首席数据官的角色,推动以联合全域指挥控制(JADC^2)等重点项目为牵引的整体智能化转型战略。美国国防部副部长 Kathleen Hicks 发表讲话,称其和国防部长正在确保 CDAO 有权在紧急情况下领导变革行动。在部队中使用生成式人工智能存在争议。生成式人工智能的核心优点是能够使简单或普通的任务流水线式操作,例如查找文件、查找联系信息和回答简单的问题。但这项技术也被用于赛博攻击、电子欺骗和虚假信息活动。Hicks 发出警告,"我们意识到人工智能的潜在危险,并决心避免它们。"由 CDAO 监管的"利马"特别工作组(Task Force Lima)于 2023 年早些时候成立,旨在评估和指导用于国家安全目的的生成式人工智能的应用。美军 10 年前签署了 3000.09 号指令,用于管理半自主或全自主武器的开发和部署。2023 年 1 月进行了更新。该指令旨在降低自主性和火力方面的风险。但并不适用于赛博领域,在赛博域,领导者越来越多地倡导自主能力。人工智能 2023 年发展迅速,部分原因在于 ChatGPT 等大型语言模型的出现,这些模型可以分析大量数据,预测人类反应。Hicks 承认,这些商业项目还没有达到国防部的标准,且这一领域的大部分创新都"发生在国防部和政府之外"。不过,Hicks 在讲话中表示,国防部已经在使用自己的模型,她将其称为"国防部组件"(DoD components),在 ChatGPT 流行之前美军就开始研究此类项目。这些模型使用国防部的数据进行训练,成熟度各不相同。Hicks 介绍"有些正在积极试验,甚至被用作人们日常工作流程的一部分"。五角大楼已经确定了当上述模型可用时需要解决的问题。Hicks 表示,国防部已经指定了"超过 180 个实例",可以从人工智能的使用中受益——从分析战场评估结果到汇总数据集,包括涉密部分。

6.2.3.3　演进趋势

2023年1月,国防部更新了其2012年指令,该指令管理自主武器系统的负责任开发,以符合人工智能进步的标准。美国还推出了一项关于负责任地在军事上使用人工智能的政治宣言,进一步寻求编纂负责任地使用该技术的规范。希克斯表示,美国将继续在负责任和道德地使用人工智能方面发挥领导作用,同时保持对与该技术相关的潜在危险的警惕。"通过把我们的价值观放在第一位,发挥我们的优势,其中最大的优势是我们的人民,我们已经采取了一种负责任的人工智能方法,这将确保美国继续领先"她说,"与此同时,随着商业科技公司和其他公司继续推进人工智能的前沿,我们正在确保我们以远见、负责任和对我们国家更广泛影响的深刻理解保持在前沿。"美国国防部首席数字和人工智能官员克雷格·马特尔(Craig Martell)说:"技术在发展。下周、明年、下一个十年,事情都将会改变。我们的战略概述了加强组织环境的方法,在这种环境中,我们的员工可以不断部署数据分析和人工智能能力,以获得持久的决策优势,而不是确定少数能够击败我们对手的人工智能作战能力。"

另外,该战略规定了一种敏捷的人工智能开发和应用方法,强调交付和大规模采用的速度,从而带来五个具体的决策优势结果:①卓越的战场意识和理解;②适应性力量计划和应用;③快速、精确且有弹性的压井链;④弹性持续支持;⑤高效的企业业务运营。

6.3　对我国的发展启示

进入信息时代,大国战争博弈重心趋向于全维度、多领域交叉融合的"整体对抗",行动空间趋向于动态的"宽正面、大纵深",作战样式趋向于"持续快速瘫体失能打击",指挥跨度增加,作战指挥体系趋向于联合化、网络化、智能化、扁平化,集成连接各军种、各作战域的传感器、决策节点和武器系统,以便于支撑高强度、高速度、体系化的联合作战。指挥控制是联合作战的核心,是决定部队组织形式和作战样式的逻辑线。美军联合全域指挥控制旨在实现跨陆、海、空、天、电、网作战域实现无缝协作,将通过整合陆上、海上、空中、太空和网电空间的网络战、电子战、情报监视侦察等资源,助力成倍提高收集信息以及做出决策的速度,提升前沿力量的"威慑性"、部署的"动态性"和行动的"突然性",做到即时发现、即时理解、即时决策、即时行动。联合全域指挥控制是美军近年来提出的军种思想最统一、推进速度最快、对我威胁最大的联合概念之一，对厘清我军基于网络信息体系的联合作战能力生成具有重要的指导意义和借鉴价值。

6.3.1　作战需求的总输入是什么

创新军事思想、开发作战概念是推进军事转型和部队建设的关键抓手。美军秉承"创新提炼－集智研讨－实验验证"的作战概念开发机制，采取聚焦联合作战概念开发，以作战能力需求为牵引，通过突破前沿技术和研发关键装备，以法规制度和标准规范为强制约束的做法对于军队转型建设具有重要启示。本书提出，应着眼于军队的使命任务，强化军队作战概念设计，创新作战概念研究方式，形成"聚焦使命任务－研讨演示概念－体系设计概念－检验优化概念－形成概念产品－指导建设实践"的作战概念开发途径，支撑作战概念创新和前瞻性探索研究，并加强体制机制和标准规范建设，通过对作战概念开发的整体设计和约束规范，提升前瞻作战概念对作战实践的创新引领作用，加速推进军队转型建设。

作战概念是基于作战演变趋势和军事科技发展运用，对未来战争形态、作战样式、战场行动和力量运用的超前设计与概要描述。当前，在先进军事思想和尖端军事科技的双重作用下，战争形态演变日趋加速，要制胜未来、打赢战争必须加速作战概念创新转化。

（1）战争形态演变提出新要求。战争形态一直处于由低向高不断变革、不断演进之中。军事历史表明，谁能够敏锐把握战争形态演变，谁就能抢先把握军队转型重塑的优先权。进入21世纪，在先进科技驱动下，战争形态加速由信息化向智能化演进。我们必须紧密跟踪世界局部战争发展，预判战争演变进程的线性渐变和跃进突变，通过加速创新作战概念，抢先开发新空间新领域，才能牢牢掌握军事斗争主动权。

（2）新质能力生成的需要。当前，新一轮军事革命席卷全球，通过作战概念创新生成新质作战能力是达成战略主动的必然选择。应当清醒看到，新军事革命大潮势不可挡，早变革早主动，迟变革则被动。一旦陷入新力未生、旧力不逮的被动境地，则会使整个国家和民族面临生死存亡的威胁。我们必须主动顺应世界大势，基于国家利益拓展和核心军事挑战，敏锐洞察及时把握有利时机，运用大格局、宽视野和长视角，辨清攻防互动螺旋上升的演变趋向，通过探索加速推进作战概念创新的科学路径，积极打造新型力量、生成新质能力，从而塑造更加强大的危机管控、威慑制衡和打赢战争能力。

(3)物质技术基础提供新支撑。近些年,在生产力发展水平和颠覆性技术促动下,战争形态、制胜机理、力量构成和装备体系等正在产生深刻变革。云计算极大拓展了高性能计算的发展模式,大数据深刻改变了高端存储的发展方向,人工智能全面提升了态势感知能力。智能时代,无人平台将成为较量拼杀的主角,作战数据将成为赋能增智的基础,高级算法将成为先进战斗力的核心,作战力量的效能释放也由原始的直接杀伤、借助外力的物理摧毁向心理影响、大脑控制等多领域对抗拓展。我们必须从社会生产发展趋势中找准新的时代定位,深刻透析未来战争本质要求,综合把握军事技术、组织形态、主观能动和内外环境等影响因素,强化作战概念的创新转化,积极抢占智能化战争制高点。

6.3.2 作战需求与其他如何衔接

作战概念的开发设计不同于传统作战思想的产生发展,需要对未来作战总体背景、制胜机理、作战对手、技术支撑和装备研制等进行深度分析,同时还需要通过规范完善概念、强化物质支撑和开展试验验证来推动概念设计有效转化落地。

形成多域能力清单。作战概念的落实需要实实在在的能力支撑,需要基于核心作战概念推理归纳其充分条件和必要条件,形成物理、信息、认知等多领域作战支撑概念。各领域应按照"细化作战概念 – 分析能力标准 – 归纳梳理需求"的基本流程深化概念研究设计。要重点围绕提供分域支撑、创设机会窗口和有效跨域聚能等核心能力,综合考虑主要任务目标、未来战场环境、主要作战对手和要素跨域联动等情况,运用虚拟推演、兵棋博弈和演训实践等方法手段,厘清侦察情报、指挥控制、全域机动、跨域攻防、多维防护和综合保障方面的能力标准和具体要求,有效牵引军队转型建设和作战能力生成。

6.3.3 作战概念设计发展建议

(1)引领装备发展。传统的装备研发思想可大体概括为:效仿敌人武器发展对等或更先进同类武器;针对敌人弱点发展专用武器;针对敌人优势发展"不对称"反制武器;根据我方弱点发展关键性防御武器;根据我方优势发展"震慑型"攻击武器等。这样的思路是对标低级参照物(武器)的一种被动式、应答式的装备研发模式。在科学技术飞速发展的今天,武器装备研发日新月异,传统的"现实反馈现实"的装备研发模式只会导致目不暇接、疲于奔命,而所能达到的最好效果仅仅是防卫和慑止,无法真正实现超越。改变和提升装备研发思想的路径在"概念"。作战概念描述未来作战的战场环境、力量对比、动员组织、指挥控制、机动投送、后勤运输、战役战术、武器运用等方方面面的信息。新型装备研发不是为了应对过去,也不是为了应对目前,而是为了应对未来,所以起点应该在概念、在未来。作战设计为先,武器设计为后,为未来作战概念发展武器、为未来作战体系发展武器,这样才是创造性的装备发展模式,才是先敌发展、克敌制胜之。

第一,技术深度决定战术高度。毫无疑问,AI 时代战术的"技术含量"将越来越高,而"战术高度"很大程度上将取决于对 AI 技术的认识深度。2019 年,比利时鲁汶大学的研究团队发明了一种可以骗过 AI 识别的彩色图形——只要把一张 A4 大小的特殊图形打印出来贴在身上,AI 就不会把实验者当作"人"。循着这个思路会发现,只要找到 AI 的数据识别漏洞,就能够利用数据的"愚蠢",骗过对方的侦察感知功能,进而发展出相应的对抗战术。但能否通过技术手段发现 AI 漏洞,是此类战术奏效与否的关键和前提。换句话说,对 AI 技术的研究深度将在很大程度上决定战术能够发挥的高度。

第二,打破常规是对抗 AI 的关键。目前 AI 的所有能力都在人类的认知边界内。如 ChatGPT 看似无所不知,但它能够提供的所有答案都是在人类已知的信息库中检索整合得出的。即使跟过去"不一样",ChatGPT 也只是通过内容整合"重组已知",而非在观点和思想层面"发现未知"。或者说,AI 的最大优势是"熟悉套路"和"优选方案",劣势则是难以"打破常规",更不能"无中生有"。这意味着,AI 并不能从已知推导出未知,创新将是人类的最大优势。这进一步意味着,人类指挥员通过深度思考、逻辑推理进而打破常规、创新战法的能力无可取代,也必将是未来战场上应对"AI 指挥员"的制胜利器。

第三,主宰战场的依然是人类而非 AI。基于目前的计算机技术,AI 发展存在天花板。其理论依据是"哥德尔不完备定理"。这一定理简单来说,就是"可数系统都是不完备的,其中某些问题永远无法在系统本身的层面得到解决"。根据这一原理,基于当前计算机技术的 AI,可能永远无法超越人类。因为计算机系统本质是可数的,而人的意识是不可数的。例如,计算机所有的输入和输出,都必须用有限的数字来描述。比如圆周率,计算机里没有真正的圆周率,小数点后只能输入一个有限位的近似小数,到一定长度必须停下来。只要停下来,参与运算的这个圆周率就不是真正的 π。而真实世界与计算机模拟的数字世界是不同的。真实世界是不可数的,圆周率 π、自然常数 e 都可以无穷无尽地计算下去。AI 运行于数字世界,人类则生活在实数宇宙。用基于目前计算机技术的

AI 来模拟人类智能,就像用语言系统来描述人类感觉——语言是可数的,而感觉是不可数的,所以有些感受"只可意会,不可言传"。由此可推导出,在真正的技术"奇点"到来之前,AI 只能不断逼近人类智能,但永远无法超越。人类仍将是战场的最高主宰。

美军作战概念的发展看似纷繁芜杂、天马行空,仔细分析,实则前后有据,彼此关联。每一个作战概念的提出、研究和发展过程都是从极富针对性的作战问题引发而起,通过广泛论述和争鸣,比较过去和预测未来,逐渐由模糊到清晰,由概略到具体,由语焉不详到正式文件,再经过实验、仿真、演示、演习或实战检验,成为被全军所接受的指导性作战理论。

军事战略、地缘政治、军事科技等因素的发展演变正引发迅猛而激烈的军事变革浪潮,在这样的大潮中,美军对如何应对现代的战争以及如何构想未来的战争进行着越来越深刻的思索,所提出和发展的各种作战概念层出不穷。从以上的论述中,可以看出:①应对眼下军事需求的作战概念非常重要,但更重要的是针对未来可能发生的战争,基于科学预测提前设想并发展全新的作战概念;②作战概念提出后并不是成为一成不变的文本,而是与战略和条令一起在论证、试验、演习及实战中不断地检验验证和迭代更新;③在信息化时代军兵种作战能力协同融合的背景下,除继续发展军兵种独特作战概念外,美军越来越重视联合作战概念的开发、融合与推广;④作战概念提出和发展的目的不仅是谋求某一军种或领域的作战优势,而是更加重视全域联合作战优势。

作战概念的创新开发是一个滚动完善的过程,需要针对相应的技术需求和能力要求,统筹开展演示验证、任务试点和对抗演练,做好实践检验和评估论证工作。如美国国防部高级研究计划局为推进"马赛克战"概念,曾部署了大量研发支撑和演示验证项目,在其 2020 财年预算中数量占比达 23%、经费占比达 38%。因此,实验评估要重点针对支撑概念和各领域的作战能力指标,综合运用定性定量评估方法,掌握具体作战能力指标差距和分领域作战能力水平。特别是要瞄准对手作战体系重心和关键技术薄弱点,重点聚焦智能指控、人机编组和跨域协同等主要能力短板和矛盾问题,按照"你打你的,我打我的"总体方略,结合军事科技发展应用,探索形成解决方案和发展路径,确保概念设计的演绎推理可信,能力提升的技术支撑可靠。

(2)规范概念推广应用。作战概念的创新推广实施需要固化机制、规范运行。如 2018 年美国陆军成立未来司令部,并组建了 8 个跨职能领域小组,旨在同步推进新技术的快速研发应用。作战概念的创新推广需要以文件、条令等形式正式颁布,明确推进概念落实的组织机构、资源配置、协作关系等,区分规模等级和对抗强度,探索形成基于制胜机理和作战要求的实施路径,从而确保新概念转化落到实处。

多措并举确保作战概念创新转化。当前,世界强国军队正在逐渐形成以作战概念构想为牵引的军事建设发展新模式。搞好作战概念创新设计开发和推广应用,既需要广泛吸收借鉴世界强国军队经验,更需要结合自身实际有的放矢,这样才能有效提高作战概念创新转化效能。

(3)优化体系布局。作战概念创新转化涉及专业多、领域多、前沿技术多,需要运用系统科学视野,注重跨域思考,基于军事实践,谋划整体优势。要结合不同战略方向、不同作战领域的具体使命任务,重点梳理分析作战效果与关键领域、节点目标之间的关联度,通过"上云端、用数据、增智能"发展新技术、培育新动能、打造新场景。要关注作战领域由传统的物理空间向心理、认知等多领域的拓展趋势,深化专业方向研究,掌握运行机理,加强实际运用。要紧盯科技前沿,主动跟进前沿技术、前沿知识和前沿实验,既要有效应对"灰犀牛",又要预先防范"黑天鹅"。

(4)深化协同创新。作战概念创新转化,需要运用工程化思维,聚合优势资源,集成优质力量。要深化多领域交叉融合,拓展现代军事与先进科技的互动,开展联合立项、联合攻关、联合推进和联合验证,打通学科专业壁垒。优化项目评估和协商对话机制,基于热点难点开展研讨交流,共享人工智能、大数据和物联网等优秀成果,让先进作战概念真正成为群体智慧结晶。

(5)强化理技融合。作战概念创新转化离不开对战略威胁判断、战争形态演变、军事科技支撑等方面的综合分析和科学认知,应注重前瞻引领、兼收并蓄,形成多域支撑。要深刻领悟军事哲学时代发展,加强战史战例挖掘研究,真正掌握军事哲学实战运用的精髓。紧密跟踪主要对手前沿动态,及时吸纳世界先进经验,洞悉军事技术颠覆性变化趋势,准确把握军事理论实践和专业科学技术的融合点,有效解决智能指控、集群协同等"卡脖子"问题,增加科技创新对作战概念创新设计的支撑度和贡献率。基于"网络+"思维创新运用智能算法,用数据模型落实作战概念设计的新观点、新思路、新构想,深化对未来战争战场态势的构想演绎和作战规则的设计推演。

参考文献

[1] 易文安,王亮,马明. 美军作战概念发展的历史脉络及其内在逻辑[J]. 国防科技,2023,44(1):119-128.

[2] PERLA P P. The art of wargaming: a guide for professionals and hobbyists[M]. Annapolis: Naval Institute Press,1990,175.

[3] PERLA P P. Design, development, and play of navy wargames[R]. CNA Press,1987.

[4] PERLA P P, MARKOWITZ M C. Wargaming strategic linkage[R]. CNA Press,2009.

[5] Naval War College. President's report spring 2010[R]. NWC Press,2010,27.

[6] RAND Corporation. Artificial intelligence in simulation and war games.[R]. AU Press,2022,1.

[7] 张军,王建军,张木,等. 分布式杀伤作战体系及其武器装备体系贡献度评估方法研究[J]. 舰船电子工程. 2018(6):6-10.

[8] 陈明德,和欣. 马赛克战对指挥与通信领域的启示分析[J]. 通信技术,2022,55(10):1284-1293.

[9] 易侃,钟元苇,曾逸凡,等. 联合全域指挥与控制机理模型及应用分析[J]. 指挥与控制学报,2022,8(1):1-13.

[10] 李磊,蒋琪,王彤. 美国马赛克战分析[J]. 战术导弹技术. 2019(6):108-114.

[11] 李磊,金元明. 美国分布式作战通信组网实现途径浅析[J]. 飞航导弹,2019(6):52-58.